SALLY BELOW

WEGE IN DIE ÖFFENTLICHKEIT

PUBLIC RELATIONS UND MARKETING
FÜR ARCHITEKTEN
EIN PRAXIS-HANDBUCH

W0363391

JUNIUS

»Architektur und Öffentlichkeit« war ein zentrales Thema meiner Arbeit als Präsident der Bundesarchitektenkammer. Von Anfang an habe ich darauf gedrungen, dass wir in der Öffentlichkeit für Architektur werben, auch weil die berufspolitischen Forderungen der Architekten dadurch bessere Chancen haben. Und ich habe Verbündete gesucht, die unsere Sache unterstützen.

Im Oktober 2000 hat das Bundesministerium für Verkehr, Bau- und Wohnungswesen im Zusammenwirken mit dem Beauftragten der Bundesregierung für Angelegenheiten der Kultur und der Medien die »Initiative Architektur und Baukultur« auf den Weg gebracht. Anlässlich des Bundesauftakts zum »Tag der Architektur« in Dessau hat Bundesminister Manfred Stolpe im Juni 2004 schließlich eine nationale Stiftung Baukultur angekündigt.

Unserem Ziel, Architektur ins öffentliche Gespräch zu bringen, sind wir also ein gutes Stück näher gekommen. Ein Grund, sich zurückzulegen, ist das aber nicht. Im Gegenteil: Die Zeiten für Architekten sind alles andere als rosig. Und eine Bundesinitiative kann ohnehin nur einen Impuls geben, der an anderer Stelle verstärkt werden muss.

Im Architekturbüro ist es wie in der berufspolitischen Arbeit: Ohne Öffentlichkeit geht nichts. Viele Büros haben die strategische Bedeutung von Öffentlichkeitsarbeit erkannt. Größere Büros beschäftigen häufig PR-Fachleute oder arbeiten mit PR-Agenturen zusammen. Kleinere Büros tun sich da naturgemäß schwerer.

Für solche Büros kann dieses Buch eine wichtige Hilfestellung sein. Sally Below erklärt leicht verständlich, was zu tun ist, um in der Kommunikation Erfolg zu haben. Wesentlich scheint mir dabei ihr dialogorientierter Ansatz. Kommunikation ist keine Einbahnstraße, sondern lebt vom Gespräch. Und: Der Köder muss dem Fisch schmecken, nicht dem Angler. Architekten sind also gut beraten, ihr Ohr an Meinungsbildnern und an potenziellen Bauherren zu haben.

Peter Conradi
Ehemaliger Präsident der Bundesarchitektenkammer

Architekten und ihre Öffentlichkeit

1

Lange Zeit haben Architekten »nur« durch ihr vollendetes Werk geworben. Weiteres schien nicht nötig. Warum sollten nun Public Relations und Marketing in den Alltag jedes Architekturbüros Einzug halten? Worum geht es in der Kommunikation?

Schon immer haben es einige Architekten und Planer besser als andere verstanden, über ihre eigentliche Tätigkeit hinaus auch die Kommunikation für das berufliche Weiterkommen zu nutzen. Jeder kennt den Selbstdarsteller, der es schafft, sich erfolgreich auf verschiedenen Ebenen zu inszenieren. Der eine bewirkt dies mit der Einmischung in aktuelle Diskussionen zu ganz verschiedenen Themen, der andere mit Sachkompetenz in seinem Fachgebiet. Ein Großteil der in Deutschland angesiedelten Architekturbüros ist allerdings nur in Fachkreisen oder eben gar nicht bekannt. Die Beschäftigung mit Entwurf, Planung und Bauen ist den meisten Planern Arbeit genug und die gezielte Selbstdarstellung eher lästiger Zusatzaufwand.

Das ist verständlich, aber in Anbetracht der heutigen Kommunikationsgewohnheiten absolut unzureichend, und es gefährdet auf Dauer auch den Fortbestand eines Büros. Architekten können nicht erwarten, dass ein potenzieller Auftraggeber von sich aus auf sie zukommt. Auch geht heute das Anforderungsprofil an einen Architekten über den guten Entwurf hinaus und beinhaltet Fähigkeiten wie Budgeteinhaltung und Steuerungskompetenzen. Auch diese müssen vermittelt werden. Den Eindruck, den andere vom eigenen Büro gewinnen, sollte man nie dem Zufall überlassen. Mit gezielter Kommunikation kann man diese Wahrnehmungsprozesse steuern.

Die Auftragsbeschaffung ist in den letzten Jahren für nahezu alle Architekturbüros schwieriger geworden. Eine hohe Dichte von Architekten auf einem engen Markt, die veränderten Kommunikationsgewohnheiten unserer Gesellschaft und die gewachsene Konkurrenz durch Projektsteuerer, Bauträger und Fertighaushersteller machen das Berufsleben zusehends schwieriger. Nach einer Umfrage des Bundesamtes für Bauwesen und Raumordnung werden diejenigen Entwürfe, die innovativ, qualitativ hochwertig und nachhaltig sind, weniger von den Bauherren nachgefragt, weil sie zunächst mit vermeintlich höheren Investitionskosten verbunden sind. Dies geht einher mit einer seltsam konzentrierten medialen und öffentlichen Aufmerksamkeit für einzelne Bauprojekte. Gleichzeitig gibt es in der Bevölkerung noch wenig Bewusstsein für qualitätvolle Architektur. Das ist eine für den Berufsstand schwierige Situation. Umso wichtiger ist es, qualitativ hochwertige Architektur aktiv zu kommunizieren, und zwar nicht nur über die Verbände.

»Das öffentliche Interesse an Architektur steigt. Es liegt in der Hand der Architekten selbst, die damit verbundenen Qualitäten und Werte zu vermitteln. Andernfalls kratzt die öffentliche Debatte nur an der Oberfläche von Form und Material.«
Jan R. Krause, Professor für Architektur und Media Management, FH Bochum und Leiter Marketing und Kommunikation der ETERNIT AG, Berlin

1 Kommunikation ist die Basis aller zwischenmenschlichen Beziehungen. Dabei ist zu unterscheiden zwischen direkter Kommunikation (von Angesicht zu Angesicht) und indirekter oder medialer Kommunikation (durch Medien). Kommunikation findet stets statt, wenn Personen in Kontakt treten, aber auch, wenn sie es vermeiden wollen. Diese Unvermeidbarkeit beschreibt der Verhaltensforscher Paul Watzlawick mit dem Satz: »Man kann nicht nicht kommunizieren.« Auch derjenige, der scheinbar nicht kommuniziert, kommuniziert diese »Nicht-Kommunikation«.

Ein Beispiel: Ein Projektleiter, der tagelang auf eine Nachricht eines Journalisten oder Partners mit der Bitte um Rückruf nicht reagiert, hat sicherlich zum einen zuviel zu tun. Zum anderen vermittelt dieses Verhalten dem Anrufer aber das Gefühl, dass der Projektleiter ihn oder sein Anliegen nicht für wichtig hält (auch wenn dies vielleicht gar nicht stimmt).

Kommunikation ist ein stetiger Kreislauf. Einfach gedacht: Jemand sendet eine Nachricht, der Adressat empfängt sie und reagiert darauf in seiner Weise. Das Problem ist, dass eine Nachricht viele Botschaften enthalten kann, die auf der Sachebene nicht aufscheinen. Sagt ein Bauherr zum Architekten am Telefon: »Ich habe die Pläne eben erhalten«, kann dies bedeuten, dass er ganz neutral meint, was er sagt. Wahrscheinlicher ist aber, dass er einen Subtext mitliefert.

Mit seinem Verhalten und seinem Tonfall, ob schriftlich oder mündlich, drückt man viel mehr aus, als die aneinandergereihten Worte neutral bedeuten. Neben der Sachinformation gehen aus jeder Botschaft auch Informationen über die beiden miteinander kommunizierenden Pole hervor. Im genannten Beispiel sind diese deutschsprachig und haben eine Arbeitsbeziehung.

Jeder stellt sich mit seinen Aussagen auch selbst dar. Er drückt aus, wie er zum Empfänger seiner Nachricht steht, und versucht zugleich, Einfluss auf das Denken, Fühlen und Handeln des Anderen zu nehmen. Aus dem Tonfall lässt sich eine Beziehung ableiten, und aus der Konstellation auch ein Appell. Der Appell könnte beispielsweise lauten: »Bitte nächstes Mal früher!« Bildlich dargestellt kann man sich den Beginn eines Gesprächs zwischen diesen beiden Partnern wie folgt vorstellen:

→

Aussage und Möglichkeiten der Interpretation

Der Architekt soll dem Bauherrn Pläne zum Bauvorhaben liefern. Er liefert die Unterlagen in letzter Minute innerhalb der vereinbarten Frist.

Der Bauherr ruft daraufhin den Architekten an und sagt:

»Ich habe Ihre Pläne eben erhalten. Ich möchte nun gerne einen Termin mit Ihnen vereinbaren.«

Er formuliert keinen Vorwurf an den Architekten, sondern drückt sich neutral aus, obwohl er die Pläne gern früher erhalten hätte.

DIE SACHINFORMATION
Die Pläne liegen mir nun vor.
Was auf der Sachebene ankommen kann:
Ich habe Ihre Pläne erhalten.
Mögliche Antwort: *Das ist gut.*

DIE GEFÜHLSEBENE
Blöd, dass die Unterlagen so spät kamen und ich warten musste. Nun würde ich aber gern gleich darüber sprechen.
Was auf der Gefühlsebene ankommen kann:
Er dachte bestimmt, ich schaffe es nicht, die Pläne termingerecht zu liefern. Er vertraut mir nicht. Vielleicht hat er schon Fehler gefunden und zitiert mich herbei.
Mögliche Antwort (Stimme hebt sich):
Das war doch abgemacht. Wir halten selbstverständlich unsere Termine ein.

DIREKTE AUFFORDERUNG
Es soll ein Termin vereinbart werden.
Was als direkte Aufforderung ankommt:
Es soll ein Termin vereinbart werden.

INDIREKTE BOTSCHAFT
Wegen ihrer späten Lieferung muss ich nun noch zwei Stunden länger arbeiten, um alles durchzusehen.
Was als indirekte Botschaft ankommen kann:
Liefern Sie beim nächsten Mal bitte nicht auf den letzten Drücker.
Mögliche Antwort auf den eigentlich neutralen Satz:
Ich habe mehr Zeit benötigt, da ihre zusätzlichen Änderungswünsche sehr umfangreich waren.

Der Architekt entnimmt der Aussage des Bauherrn über die Sachinformation hinaus eine Kritik, die vom Bauherrn nicht direkt geäußert wurde. Er hat kein gutes Gefühl, weil er die Pläne in allerletzter Minute abgeliefert hat und sich durch den Zeitdruck Fehler eingeschlichen haben könnten. Die möglichen Antworten auf die Worte des Bauherrn zeigen, dass auch auf eine sachliche Aussage emotional reagiert werden kann.

Der Bauherr hat nun wiederum verschiedene Möglichkeiten zu reagieren. Im Ernstfall entsteht eine unnötig aggressive Stimmung.

1 Gemachte Erfahrungen und die eigenen Emotionen führen beim Empfang einer Nachricht zur Interpretation bestimmter Tonfälle oder Worte und damit zu unbewussten Reaktionen. Das macht die Kommunikation häufig so kompliziert. Der Empfänger hat prinzipiell die freie Wahl, auf welche Ebene der Nachricht er reagieren will. In diesem Fall hätte der Architekt die emotionale Ebene aus dem Spiel lassen und höflich und neutral antworten können, beispielsweise so: »Wann kann ich denn zu Ihnen kommen? Aus der Verarbeitung unseres letzten Gesprächs haben sich auch für mich einige Fragen ergeben, die wir besprechen sollten. Nächste Woche könnten wir den Entwurf dann abschließen.« Er sollte sich der eigenen Rolle bewusst sein, seine Antennen ausfahren, um Verhaltensweisen vorhersehen zu können, aber möglichst auf einer neutralen Kommunikationsebene bleiben.

Jedes Gespräch ist von der Wahrnehmung und Ausdrucksfähigkeit beider Personen geprägt. Zu den persönlichen Beziehungen kommen noch die »Codes«, die je nach gesellschaftlicher, regionaler oder beruflicher Gruppe sehr unterschiedlich sein und damit auch für unterschiedliche Wahrnehmungen sorgen können. Prallen sehr verschiedene Ausdrucks- und Verhaltensweisen aufeinander, kann das zu Problemen führen. Diese in der täglichen Arbeit zu vermeiden, gehört zur Kommunikationsarbeit. Um zu wissen, mit wem man denn kommuniziert und welche »Öffentlichkeit« angesprochen werden soll, ist zunächst eine Definition des Begriffs notwendig.

Öffentlichkeit

Der Begriff »Öffentlichkeit« hat viele Bedeutungsebenen. Ursprünglich meint »öffentlich« die Erreichbarkeit für jeden, beispielsweise einer Gerichtsverhandlung, einer Theateraufführung, aber auch eines Mediums wie Fernsehen, einer Zeitung oder des Internets.

Die zweite Bedeutung des Begriffs ist »staatlich«, im Sinne der öffentlichen Hand. Schließlich beschreibt der Begriff auch die Öffnung eines Themas für viele. Öffentlichkeit herzustellen bedeutet, etwas, das nur wenigen bekannt ist, durch Publizität einer weiteren Gruppe von Menschen zugänglich zu machen.

Öffentlichkeit kann man sich aber auch als Plattform vorstellen, auf der Kommunikatoren (Architekten, Journalisten, PR-Berater, Unternehmen, Organisationen, Bauherren) in Konkurrenz zu anderen Kommunikatoren um allgemeine Aufmerksamkeit für ihre Themen kämpfen.

Heutzutage übernehmen in erster Linie die Medien die Thematisierung von Inhalten und schaffen so Öffentlichkeit und damit gleichzeitig die Voraussetzung, die öffentliche Meinung zu beeinflussen. Inhalte, die Eingang in die Medien finden, werden schon aus diesem Grund für relevant und wichtig gehalten, darin enthaltene Informationen werden als wahr erachtet – mit Ausnahme der in der Boulevardpresse veröffentlichten.

Die Behandlung eines bestimmten Themas in den Medien erzeugt die Vorstellung, dass auch andere dieses Thema wahrnehmen werden. Der Einzelne wird infolge dieser Annahme sein Verhalten an dem vorgestellten Verhalten der anderen orientieren. Das Orientieren an Moden veranschaulicht die beschriebene Nachahmung des Verhaltens anderer besonders gut.

Für die Kommunikationsarbeit spielen so genannte Teilöffentlichkeiten eine wichtigere

Rolle als die große, undefinierbare »Öffentlichkeit« selbst.

Unter Teilöffentlichkeiten versteht man Gruppen, die sich durch spezifische Thematisierungen auszeichnen und sich dadurch von anderen abgrenzen. Diese können empirisch vorhandene, soziale oder fiktionale Gemeinschaften sein.

Zielgruppen

Ein bekannterer Begriff für die Menschen, Unternehmen und Organisationen, die man erreichen möchte, ist die »Zielgruppe«. Zielgruppen werden nach regionalen oder demografischen Kriterien, Lebensstilen oder Konsumentenmerkmalen bestimmt. Die Begriffe Teilöffentlichkeit und Zielgruppe liegen nicht ganz auf derselben Ebene, dennoch können diese beiden Gruppen identisch sein. Häufig und auch im Folgenden wird zur Vereinfachung ganz allgemein von Zielgruppen gesprochen.

Fragt man Architekten, fällt ihnen zunächst meist nur eine Zielgruppe ein, die sie erreichen wollen (und müssen): potenzielle Auftraggeber. Aber es gibt noch eine Reihe weiterer Zielgruppen, die für ihre Arbeit entscheidend sind. Dazu gehören Partnerbüros, die Medien als klassische Multiplikatoren, die Fachöffentlichkeit und nicht zuletzt die eigenen Mitarbeiter. Und auch die Gruppe der »Auftraggeber« ist an sich noch nicht greifbar. In der strategischen Planung werden die Zielgruppen für das eigene Büro genau definiert, damit Public Relations und Marketing die richtigen Adressaten erreichen.

»Noch immer scheuen viele Architekten die öffentliche Diskussion. Sie schicken die Bilder ihrer Neubauten gern an die Fachzeitschriften; die Lokalzeitung kann hingegen sehen, wo sie bleibt. Es liegt also keineswegs nur an den Redakteuren, dass in den Kultur- und Wirtschaftsteilen die Architektur fast nie vorkommt. Es liegt auch an den Architekten. Während Galerien, Theater, Verlage die Redaktionen mit Einladungen bombardieren, sind sich die Architekten oft zu fein. Sie rufen nicht an, schicken keine Unterlagen, sondern warten – schließlich spreche ja die Architektur für sich. Statt offensiv für ihre Bauten zu werben, bleiben viele Architekten lieber im Schmollwinkel und schimpfen über die miese Berichterstattung.«
Dr. Hanno Rauterberg, Die Zeit Feuilleton

1 *Public Relations/Öffentlichkeitsarbeit*

Public Relations werden als »Management der Kommunikation und ihrer Öffentlichkeiten« bezeichnet (Grunig/Hunt 1984). Der Begriff wird deckungsgleich mit »Öffentlichkeitsarbeit« verwendet. Hauptaufgabe der Öffentlichkeitsarbeit ist der Imageaufbau und die Imagepflege. Das Wort Image ist durch die Oberflächlichkeit der Medien und der Werbung, die es inflationär verwenden, heute häufig negativ besetzt. Eigentlich meint es wertneutral das kollektive Vorstellungsbild von einer Person, einer Organisation oder einem Unternehmen, das aus zahlreichen bewerteten Einzelinformationen zusammengesetzt ist.

Public Relations sind langfristig und indirekt angelegt und zielen nicht direkt auf den Absatz, sondern werden als Mittel der Vertrauensbildung eingesetzt. Denn wer Vertrauen und Anerkennung genießt, bewegt sich in einem ihm wohl gesonnenen Umfeld und hat es leichter, seine unternehmerischen und persönlichen Ziele zu erreichen. Dies setzt voraus, dass nicht nur Botschaften an die relevanten Zielgruppen verbreitet, sondern zugleich auch die des Umfeldes wieder aufgenommen, analysiert und berücksichtigt werden. Gute Public Relations sind daher immer eine Zwei-Wege-Kommunikation.

Marketing

Der Begriff »Marketing« wird sehr unterschiedlich definiert. Marketingexperten sagen, er sei der Oberbegriff für alle Kommunikationsaktivitäten eines Unternehmens, also auch der PR übergeordnet. PR-Fachleute sehen diese beiden Handlungsfelder nebeneinander. Einvernehmlich wird gesagt, dass Marketing die »marktorientierte Führung« eines Unternehmens ist und unter anderem aus Produktpolitik, Preispolitik, Vertrieb, Promotion und Werbung besteht. In der Realität verschwimmen die Grenzen zwischen Marketing und PR, was für die Praxis im Allgemeinen kein Problem darstellt.

Werbung

Die klassische Werbung, die jeder aus Fernsehen, Radio und Printmedien kennt, ist ein Teil des Marketings und im Gegensatz zur Öffentlichkeitsarbeit nicht unternehmens-, sondern ganz klar produktorientiert. Sie verfolgt ein direktes Umsatzziel, ist sehr breit gestreut und soll, einfach gesagt, mit reduzierten Ein-Weg-Botschaften direkte und rasche Kaufimpulse auslösen. Im Bereich der Werbung in Form von Anzeigen oder Plakaten werden in naher Zukunft einige Büros als Vorreiter für andere die Chancen und Grenzen ausloten.

Öffentlichkeitsarbeit verfolgt mehrere Ziele:

- Schaffung von Informiertheit und ständige Erhöhung des Bekanntheitsgrades
- Herstellung von Glaubwürdigkeit, Verständnis und Akzeptanz
- Ausprägung eines positiven Images
- Schaffung von Vertrauen
- Erreichung von Identifikation
- Schaffung eines positiven Kommunikations- und Meinungsumfeldes

Strategische Planung

2

Öffentlichkeitsarbeit kann man genauso wie ein Gebäude planen und die Planung dann in den vorher festgelegten Schritten umsetzen. Und genauso wie beim Bauen geschieht nie alles so, wie man es vorgesehen hat. Trotzdem oder gerade deshalb ist ein Konzept eine wichtige Grundlage und bietet Hilfestellung im Kampf mit dem ständigen Mangel an Zeit und Kapazitäten.

Damit Öffentlichkeitsarbeit wirksam sein kann, ist es unverzichtbar, dieser Aufgabe regelmäßig Zeit einzuräumen und sie als Teil der allgemeinen Arbeit zu betrachten, nicht als etwas »Zusätzliches«. In größeren Unternehmen und Organisationen ist die Öffentlichkeitsarbeit direkt der Geschäftsführung angegliedert. So werden die Kommunikationswege kurz gehalten, und die PR-Verantwortlichen sind stets auf dem gleichen Informationsstand wie das Management.

Auch im mittelständischen oder kleinen Architekturbüro sollte man sich dieser wichtigen Funktion bewusst sein. Sinnvoll ist in jedem Fall die Bestimmung eines PR-Verantwortlichen, der sich mit dem Bereich identifiziert, die anfallenden Aufgaben verantwortungsbewusst übernimmt und ein versierter und offener Ansprechpartner für alle Beteiligten ist. Er ist auch eine Schnittstelle zwischen Büroleitung und Mitarbeitern und hat die schwierige Aufgabe, den Informationsfluss in alle Richtungen in Gang zu bringen und zu halten. Bei dieser Arbeit müssen ihn die Kollegen unterstützen. Wie soll ein Mitarbeiter eine gelungene Kommunikation der Büroqualitäten gegenüber externen Ansprechpartnern aufbauen, der intern einen schweren Stand hat? Wenn er nicht darüber informiert ist, dass z.B. bei einem bestimmten Projekt gerade eine für die Medien interessante Bauphase ansteht, kann er auch nicht aktiv werden.

Ein notwendiger erster Schritt ist es deshalb, den Sinn und die Komplexität der Öffentlichkeitsarbeit im Gesamtbild des Büros zu verankern. Zudem muss der Zeitaufwand berücksichtigt werden, den dieser Mitarbeiter für seine PR-Aufgaben benötigt. Wird er nicht zumindest von einem Teil seiner bisherigen Aufgaben entlastet, steht zu befürchten, dass eines der Tätigkeitsfelder darunter leidet. Die Nachhaltigkeit in dieser Konstellation ist unbedingt notwendig. Ständig wechselnde Ansprechpartner oder ein Chef, der zwischendurch einmal alle Medienkontakte an sich reißt, schaden dem kontinuierlichen Aufbau von Beziehungen.

Es verursacht selbstverständlich zusätzliche Kosten, eine Arbeitskraft für die Kommunikation abzustellen oder einen externen Berater hinzuzuziehen. Kosten entstehen aber auch durch ungenügende Organisation und ineffektive Schnellschüsse. Beispielsweise findet eine Broschüre, aus einer spontanen Idee heraus zusammengestellt und gedruckt, ohne Kontaktarbeit keine Abnehmer und landet dann kartonweise in der Ecke.

Zumindest in der Konzeptphase ist die Zusammenarbeit mit einer Agentur oder einem Berater sehr hilfreich. Gemeinsam können Strategie und sinnvolle Maßnahmen erarbeitet werden. Die Umsetzung der anfallenden Aufgaben kann dann gegebenenfalls an den Verantwortlichen im Büro delegiert werden.

Große wie kleine Vorhaben verlangen präzise konzeptionelle Vorarbeit. Ein gutes Konzept ist keine Garantie für den Erfolg auf allen Ebenen, aber es minimiert das Risiko, Fehler zu machen. Die Erstellung einer solchen Planung führt zu einer tieferen Wahrnehmung für die wesentlichen zukünftigen Anforderungen. Dazu bedarf es eines gewissen Abstraktionsvermögens. Die Meinung von Außenstehenden einzuholen, die das Leistungsspektrum einschätzen können, ist oft sehr effektiv. Diese Menschen können meist viel besser die positiven Aspekte des Büros erkennen und benennen, die man in seiner täglichen Arbeit gar nicht mehr sieht.

Für die Festlegung der einzelnen Arbeitsschritte, die Bestimmung von Verantwortlichkeiten und zur Analyse sollte man sich Zeit nehmen und den Kopf freihaben. Eine ruhige Arbeitsatmosphäre, vielleicht ein Wochenende mit Workshop-Charakter, kann als Initialzündung förderlich sein. Mitarbeiter, die im Büro eine tragende Rolle spielen, sollten auch an der Kommunikationsentwicklung beteiligt sein. Ist diese Arbeitsgrundlage vorhanden, wird das Konzept in seinen einzelnen Schritten entwickelt:

Schritt 1:
Die Analyse

Die objektive Analyse der eigenen Situation, der Stärken und Schwächen sollte die Basis sein, um kommunikative Ziele zu formulieren. Wenn man nicht weiß und klar artikulieren kann, wo man steht, ist es auch schwer, sich vorzustellen, wohin man gehen will, und wie man da hinkommt. Im Grunde wird bei dieser Analyse ein internes Gutachten über das Büro erstellt. Wenn jeder im Team dies als Chance und nicht als Kritik begreift, ist eine solche Positionsbestimmung sehr effektiv und führt zu neuen Erkenntnissen.

Fragen zum Geschäft und zur anstehenden Planung von Projekten bilden dabei die Grundlage. Die bisherige Kommunikation wird anhand eines Fragenkatalogs auf ihre Wirkung und Wirksamkeit überprüft. Die nachstehenden Fragen sollte man sich als Basis für die Strategieentwicklung stellen.

Fragen zum Geschäft und zu den Leistungen

- Welche Geschäftsfelder sind bisher Tätigkeitsschwerpunkte des Büros, mit welchen Bauherren arbeitet das Büro überwiegend zusammen?
- Welche Projekte stehen konkret innerhalb der nächsten zwölf Monate an, welche Informationen kann man dazu bereits kommunikativ auswerten?
- Mit welchen fünf Sätzen könnte man das Büro zum derzeitigen Stand charakterisieren?
- Welche Chancen und Risiken werden in diesem Profil und Leistungsbild gesehen?
- Wo liegen noch ausbaufähige Potenziale?
- Wie würde das ideale Büro in Konstellation und Kundenstamm aussehen?

Fragen zur Bürostruktur

- Ist die Außendarstellung inhaber- oder partnerorientiert? Gibt es eine starke Persönlichkeit, die das Büro repräsentiert, oder tritt das Büro als Team auf?
- Wenn das Büro durch eine Person vertreten wird: Kann der Repräsentant die Rolle auf Dauer ausfüllen, oder wäre es besser, die Aufgaben auf mehrere zu verteilen?
- Was macht den Mitarbeitern und Büroinhabern besonders viel Spaß? In welchen Bereichen sind sie besonders gut, wo liegen noch ausbaufähige Potenziale?
- Sind die Mitarbeiter ihren Kompetenzen entsprechend eingesetzt und fühlen sich wohl bei ihrer Arbeit?
- Welche Belastungen in der täglichen Arbeit sind besonders hoch? Gibt es schon Lösungsansätze?
- Welche Probleme gibt es in der täglichen Arbeit? Wo liegen die »Fallen«, in die man immer wieder tappt? Gibt es schon Lösungsansätze?
- Welche positiven oder negativen Reaktionen kann man im Kontakt mit Bauherren, anderen Büros oder den Mitarbeitern feststellen? Gibt es typische, des Öfteren wiederkehrende »Aussagen«?

Fragen zur Konkurrenz

Die Aktivitäten der Mitbewerber sind in diesem Zusammenhang einer regelmäßigen Beobachtung wert. Die Methoden anderer zu studieren regt an, gleichgültig, ob man Gemeinsamkeiten oder Unterschiede ausmacht.

- Welche Büros werden als größte Konkurrenz angesehen?
- Welche Wettbewerbsvorteile und -nachteile gibt es bei diesen?
- Welche Nischen besetzen sie und über welche Qualitäten, die sie aus der Masse herausheben, verfügen sie?
- Wie kommunizieren sie ihre Leistungen?

Hat man diese Fragen schon für sich beantwortet, ist die Auswertung der bisherigen Kommunikation eine geradezu leichte Aufgabe.

Fragen zur externen Kommunikation

- Welche Kommunikationsmaßnahmen wurden seit der Gründung des Büros ergriffen (Broschüren, Flyer, Messeauftritte, Akquisitionsschreiben etc.)?
- In welchen zeitlichen Abschnitten sind die einzelnen Maßnahmen erfolgt? Gab es konkrete Reaktionen und Abschlüsse, die man auswerten kann? Wie werden diese Maßnahmen im Nachhinein bewertet?
- In welcher Weise wurden bisher neue Projekte akquiriert?
- Welche Aktionen, Veranstaltungen etc. sind bereits für die nächsten zwölf Monate geplant?
- Welche interessanten Kontakte bestehen schon, die man ausbauen könnte?
- In welchen Verbänden u.ä. sind Büro oder Mitarbeiter organisiert?
- In welchen Nachschlagewerken und Datenbanken ist das Büro vertreten, mit welchem Text/Profil?
- Auf welchen Plattformen würde das Büro besonders gern vertreten sein, bei welchen Veranstaltungen, Symposien o.Ä.? Wo war es schon präsent, mit welchem Ergebnis?
- Wo wurden schon Vorträge gehalten oder Fachbeiträge platziert?

Fragen zur internen Kommunikation

- Was kann das Büro im Bereich Kommunikation besonders gut, was liegt den Mitarbeitern und der Geschäftsführung nicht so? In welchen Bereichen benötigt das Büro besondere Unterstützung?

- Wieviel Zeit steht Mitarbeitern und Bürovorstand für Kommunikationsarbeit, unter Berücksichtigung der aktuellen Tätigkeiten und Projekte, derzeit konkret zur Verfügung?
- Gibt es einen Ansprechpartner im Büro, der speziell für Anfragen im Bereich Öffentlichkeitsarbeit zur Verfügung steht?
- Werden Kommunikationserfolge und -schwierigkeiten analysiert, z.B. in regelmäßigen Bürogesprächen? Wie verlaufen diese Termine?

Schritt 2:

Das Stärken-/Schwächenprofil

Es ist nicht einfach, in wenigen Sätzen das Profil des eigenen Büros auszuarbeiten. Hilfreich ist die Erstellung eines Stärken-/Schwächenprofils, das die bürospezifischen positiven und negativen Eigenschaften festhält, die direkte Auswirkungen auf die Planung und Gestaltung von Kommunikationsmaßnahmen haben.

Jedes Büro hat selbstverständlich individuell unterschiedliche Stärken und Schwächen. Welche Inhalte eine solche Aufstellung haben könnte, zeigen die nachstehenden Beispiele. Alle bestimmen die wirtschaftliche Position ebenso wie die kommunikative.

Stärken

- lange Tradition und guter Ruf des Büros
- effiziente Struktur und funktionierende interne Kommunikation
- Geschäftssinn und Flexibilität
- berufserfahrene und motivierte Mitarbeiter
- junge Mitarbeiter mit innovativen Ideen
- deutliche und gut zu kommunizierende Kernkompetenzen
- umfangreiche Erfahrung in einem bestimmten Bereich, z.B. Denkmalrestaurierung
- Möglichkeiten zur Spezialisierung und damit Herausstellung von besonderen Kompetenzen
- große Anzahl an relevanten Referenzprojekten und interessanten Planungsaufgaben
- Projekte, die initiativ entstanden sind
- Das Büro ist durch Größe und Generalplanertätigkeit interessanter Partner für alle potenziellen Bauherren mit größeren Projekten.
- »Renommierprojekte«
- weitreichendes Netzwerk
- zuverlässige Partner
- Erweiterung des Handlungsspielraums durch Niederlassungen
- zeitgemäße Büroausstattung (CAD, Visualisierung, Netzwerke etc.)
- wirtschaftliche Stabilität
- Kontinuität in der Bauherrenbindung
- umfangreiches Marketingmaterial
- Kapazitäten für regelmäßige Kommunikationsmaßnahmen

Schwächen

- kein klares Profil des Büros
- kaum Bekanntheit bei möglichen Interessenten für eine spezielle Leistung
- außerhalb der Region nicht bekannt
- bisher keine Weiterbeauftragungen durch Bauherren
- keine klare Kommunikationsstrategie
- Informationsmaterialien wie Broschüren nicht vorhanden, veraltet, nicht einheitlich
- keine Projektdokumentationen
- zu wenig Zeit für die Akquisition
- zu wenige oder unmotivierte Mitarbeiter, hohe Fluktuation, hoher Krankheitsstand
- wirtschaftliche Probleme

Schritt 3:

Die Zielbestimmung

Die vorangegangene Analyse bildet die Basis für die Formulierung der büroeigenen Ziele. Durch die speziellen Eigenschaften eines Büros, die Anzahl seiner Mitarbeiter, die bisherigen Schwerpunkte etc. ist bereits deutlich geworden, dass die Ziele der Bürostruktur angepasst sein müssen. Zu hoch gesteckte oder in die falsche Richtung gehende Ziele sind nicht zu erreichen. Allerdings sollte man die Messlatte auch nicht zu niedrig anlegen, mit seinen Aufgaben wächst man schließlich. Herausforderungen spornen an und sorgen dafür, dass Dynamik entsteht. Jeder kennt den Effekt: Hat man ein hoch gestecktes Ziel erreicht und eine Aufgabe erfolgreich umgesetzt, sind Motivation und das Selbstbewusstsein groß, man hat Lust, gleich das nächste Ziel in Angriff zu nehmen.

Bei der richtigen Gewichtung von unternehmerischer Vision und realistischer Einschätzung spielt das Stärken-/Schwächenprofil als Ausgangsbasis eine wichtige Rolle.

Kommunikationsziele sind Teil der übergeordneten Geschäftsziele, aber nicht unbedingt mit ihnen identisch. Ein wichtiges Geschäftsziel ist neben der Abwicklung von Projekten die Beschaffung neuer Aufträge. Die Bürokommunikation hat selbstverständlich die Aufgabe, dieses Vorhaben zu unterstützen. Man kann aber den Erfolg des Büros nicht nur an der Kommunikation festmachen. Das würde bedeuten, alle anderen für die Auftragsbeschaffung relevanten Faktoren nicht zu berücksichtigen: Kompetenzen, Standort, Fähigkeiten der Geschäftsführung, Marktlage und nicht zuletzt den Zufall.

Allgemeine Kommunikationsziele können sein:

- Durch gezielte und kontinuierliche Kommunikationsarbeit soll das Büro bei seinen ermittelten Zielgruppen bekannt werden bzw. an Profil gewinnen.
- Es soll ein Image aufgebaut werden, welches das Büro unverwechselbar macht, der Büroname soll zur »Marke« werden.
- Die verstärkte Präsenz in der Öffentlichkeit und die deutliche Positionierung führen zur Wiedererkennung des Büros – auch bei potenziellen Auftraggebern.
- Dies soll zu häufigeren Wettbewerbseinladungen führen.
- Neue Beziehungen im regionalen Umfeld sollen aufgebaut und bestehende stabilisiert werden.
- Zur Erweiterung des Aktionsradius' sollen Kontakte zu den relevanten Ämtern und Politikern aufgebaut werden.
- Durch das gezielte Kommunizieren von Erfahrungen mit Spezialbauten sollen Kontakte zu Bauherren aus dem gleichen Sektor aufgebaut werden.

Um sich über diese Punkte klarer zu werden, ist es gut, eine »Vision« zu entwickeln:

- In welche Richtung wollen sich Inhaber und Mitarbeiter entwickeln?
- Gibt es dafür konkrete Gründe und Fähigkeiten, gerade absolvierte Aufgaben, oder ist es ein Traum, der sich noch aus dem Studium nährt?
- Wo möchte das Büro als Ganzes in zwei Jahren stehen? Wo in fünf Jahren?

Auch wenn die Lage auf dem Markt nicht unbedingt Mut macht, ist es wichtig, sich solche Ziele zu setzen. Es gibt schließlich immer wieder Büros, denen eine gute Positionierung gelingt. An ihnen sollte man sich orientieren. Selbstverständlich kann man nicht von heute auf morgen alle Vorhaben umsetzen. Trotzdem steigt die interne Motivation durch die Festlegung und das Erreichen von Zielen. Man sollte deshalb die übergeordneten Ziele noch einmal in pragmatische Schritte unterteilen, um sich Erfolgserlebnisse zu »garantieren«.

Solche Ziele können sein:

- Die Spezialisierung des Büros wird konsequent nach außen kommuniziert, hierzu wird ein eigener Text entwickelt, der für Veröffentlichungen verwendet wird.
- Der für die Pressearbeit verantwortliche Mitarbeiter wird von den Kollegen als Ansprechpartner anerkannt und stets selbstverständlich über alle relevanten Vorgänge informiert, ohne dass Informationen mühevoll zusammengetragen werden müssen. Alle externen Anfragen werden automatisch an den Verantwortlichen weitergeleitet.
- Alle Projekte werden genau dokumentiert, so dass das Zurückgreifen auf Informationen für die Pressearbeit problemlos möglich ist. Hierzu wird ein Archivierungssystem entwickelt. Ohne eine professionelle und ansprechende Dokumentation in Text und Bild ist die erfolgreiche strategische Kommunikation eines Projekts nicht möglich, deshalb wird dieses Ziel von allen Mitarbeitern konsequent verfolgt.
- Der Aufbau eines gut sortierten Fotoarchivs hilft bei der raschen Belieferung von Pressevertretern.
- Zu jedem Projekt wird Pressearbeit gemacht. Dies beinhaltet auch die frühzeitige Planung derselben. Ziel ist es, die Projekte in mehreren Fachzeitschriften und in der Tagespresse veröffentlicht zu sehen.
- Durch die Gespräche mit Medienvertretern wird der Büroinhaber als Experte für ein Thema wahrgenommen und bekommt die Möglichkeit, einen Fachartikel zu einem Projekt oder einem Arbeitsschwerpunkt des Büros zu schreiben.
- Die Veröffentlichungen erregen in Fachkreisen Aufmerksamkeit und dienen als Anknüpfungspunkte für Kontakte. Am Ende eines Jahres hat sich dadurch die Datenbank mit interessanten Unternehmensdaten gefüllt.
- Relevante Amtsvertreter oder Verantwortliche aus der Politik werden recherchiert und gezielt angesprochen. Interessante Personen werden beispielsweise über aktuelle Projektfertigstellungen informiert oder zu Veranstaltungen des Büros eingeladen.
- Die Büroleitung sowie die Mitarbeiter besuchen relevante Veranstaltungen und nutzen diese dazu, Kontakte zu knüpfen und die Büroarbeit vorzustellen. Diese Kontakte werden weiterverfolgt bzw. gepflegt. Im Idealfall entwickeln sich daraus Aufträge.
- Aus den verschiedenen Kontakten wird mit der Zeit ein Netzwerk aufgebaut, das dem Büro die Akquisition erleichtert.
- Kontakte werden systematisch verwaltet. Eine Datenbank wird aufgebaut, die sowohl eine konsequente Presse- als auch Kontaktarbeit erlaubt.
- Eine eigene Veranstaltung wird das Büro als guten Gastgeber darstellen und dient der Beziehungspflege.
- Der Informationsaustausch im Büro wird

optimiert. Monatliche Jour-Fixe-Treffen sorgen für stetigen Austausch und dienen der Evaluation dieser gesetzten Ziele.

Um eine Vision entstehen zu lassen, muss man sich von einschränkenden Gedanken lösen. Das ist nicht einfach. In der Kommunikationsarbeit wurden verschiedene Methoden entwickelt, die dem Gehirn hierbei helfen und gemeinsam mit anderen durchgeführt werden können. Drei von ihnen sind auch für die Entwicklung von Ideen für die Zukunft sehr gut geeignet. Detaillierte Anleitungen findet man in Buchhandlungen oder im Internet (siehe Anhang).

Brainstorming
Das Brainstorming ist eine Methode, spontane Ideen zu sammeln. In einer kleinen Gruppe werden freie Assoziationen zusammengetragen, die als Ausgangsmaterial für eine Lösungsentwicklung dienen. Mit intuitiven Äußerungen reagieren die Teilnehmer auf die Ideen der anderen. Für das Brainstorming, das in den fünfziger Jahren von Alex F. Osborn entwickelt wurde, gelten klare Regeln. Wichtig ist, dass die Fragestellung deutlich formuliert ist, und die Ideensammlung auf eine kurze Zeit beschränkt wird. Die Quantität steht über der Qualität der Einfälle. Kritik oder Wertung gibt es in dieser ersten Brainstorming-Phase nicht. Ein Moderator sammelt die Gedanken und motiviert die Teilnehmer.

Mind Mapping
Das Mind Mapping ist eine grafische Technik, die durch die Zusammenstellung von Schlüsselwörtern versucht, das ganze Denkspektrum beider Gehirnhälften auszuschöpfen. Das Netzwerk von Informationen, die miteinander in Verbindung stehen, kann dadurch einfach und effektiv erarbeitet und komplexe Sachverhalte können visualisiert werden. Bei dieser Methode ordnet eine Einzelperson die vorher festgelegten Schlüsselwörter gut leserlich auf einem großen Papier. Drei bis vier übergeordnete Aspekte zum Thema dienen als Hauptäste, zu denen wiederum weitere Einzeläste und Unterthemen notiert werden können. Mind Mapping wurde in den späten sechziger Jahren von Tony Buzan entwickelt und beruht auf Erkenntnissen aus der Hirnforschung, in der die Arbeitsweise und das Zusammenspiel beider Gehirnhälften thematisiert wird.

Clustering
Das Clustering ist ebenfalls eine kreative Technik, die Assoziationen zu einem bestimmten Begriff sammelt. Dieses nicht lineare Brainstorming-Verfahren entwickelte Gabriele L. Rico zu Beginn der achtziger Jahre. Durch Assoziationsketten werden Informationen, Vorstellungen, Visionen und Gefühle ins Gedächtnis gerufen und auf einem Blatt Papier angeordnet. Durch die Assoziationsstränge entstehen neue Muster und Strukturen in der Veranschaulichung. Die Clustering-Technik stellt bildhaft das Denken dar, indem Einfälle um einen Fokus (das Hauptschlagwort) gruppiert werden.

Schritt 4:
Festlegung der Zielgruppen

Ein Büro mit klarem Profil, das sich seiner Kernkompetenzen bewusst ist und diese auch herausstellt, hat eine größere Chance, von seinen Zielgruppen wahrgenommen zu werden. Naturgemäß sind die wichtigsten Zielgruppen zunächst die potenziellen Bauherren, relevant sind jedoch auch eine Reihe anderer Teilöffentlichkeiten. Viele der Geschäftskontakte sind nicht nur direkte Adressaten von Maßnahmen, sondern zugleich auch Multiplikatoren. Sie können das Büro weiterempfehlen, in ihren Publikationen nennen, es als festen Partner begreifen und so für einen großen Radius an Wahrnehmung sorgen.

Seine Zielgruppen kann man regional oder inhaltlich definieren. Ist das eigene Angebot eher breit gefächert, ist es sinnvoll, sich regional zu orientieren. Hat man ein herausragendes Spezialgebiet, z.B. ökologische Bauweise oder Hightech-Industriebau, dann ist eine Profilierung bei den entscheidenden Adressaten in ganz Deutschland oder möglicherweise darüber hinaus anzustreben.

»›Wir bauen alles‹ ist keine gültige Formel mehr für Architekten in einer hoch spezialisierten Welt. Bei aller Notwendigkeit, die Rolle des Architekten als Generalist – oder besser als Spezialist für das Ganze – aufrecht zu erhalten, bedarf es der eindeutigen Profilierung und Positionierung.«
Jan R. Krause, Professor für Architektur und Media Management, FH Bochum und Leiter Marketing und Kommunikation der ETERNIT AG, Berlin

Die nachstehenden Zielgruppen stehen beispielhaft als Basis für eine eigene Zielgruppenbestimmung.

Bisherige Auftraggeber
Für ein Büro ist es stets wichtig, sich seiner schon bestehenden Beziehungen bewusst zu sein. So sollten neben der Neuakquisition auch die bisherigen Bauherren über die Entwicklung des Büros informiert und Beziehungen gepflegt werden.

Politik und Verwaltung
Eine wichtige Adressatengruppe sind Verantwortliche aus Verwaltung, Gemeinderäten, Bezirksvertretungen und Parteien. Zum einen ist ein guter Stand bei Politik und Verwaltung bei einem regional beschränkten Tätigkeitsfeld des Büros entscheidend, weil man sich immer wieder begegnet. Zum anderen können sich durch diese Beziehungen Einladungen als Experte, als Gremiumsmitglied oder Organisator eines Wettbewerbs oder auch die Berücksichtigung bei Verfahren ergeben. Die Statistiken der letzten Jahre zeigen, dass trotz der konjunkturellen Flaute die Aufträge öffentlicher Bauherren nicht im gleichen Maße zurückgingen wie die im gewerblichen Bereich. Allerdings scheint die Zukunft den Public-Private-Partnerships zu gehören, in denen Projektentwickler staatliche oder kommunale Gebäude bauen, um sie dann an die öffentliche Hand zu verpachten, was langfristig andere Ansprechpartner zur Folge haben wird.

Projektentwickler und Projektsteuerer
Diese Unternehmen sind eine wichtige Zielgruppe, da sie heute einen Großteil der wesentlichen Bauherrenfunktionen übernehmen. Gute Kontakte in die Entscheiderebenen führen zur Berücksichtigung bei Gutachten, Wettbewerben oder direkten Beauftragungen.

Generalunternehmer
Durch die mittlerweile häufige Übernahme von Planungsleistungen durch ursprünglich klassische Bauunternehmen im Rahmen ihrer Generalunternehmertätigkeit werden diese zunehmend durch nicht direkt vom Bauherrn beauftragte Planer erbracht. Aufgrund der auch für diese Firmen nicht einfachen wirtschaftlichen Lage wird das Erbringen der Planungs-

leistungen mittlerweile wieder häufig außer Haus gegeben und bildet damit ein Potenzial für Planungsbüros.

Wohnungsunternehmen und Kommunen
Das Bauen im Bestand wird in den nächsten Jahren eine immer größere Rolle spielen. Sinkende Bevölkerungszahlen, Abwanderung in die Vorstädte und leer stehende Großsiedlungen müssen Aktivitäten der Wohnungsunternehmen nach sich ziehen.

Private Bauherren
Mietshausbesitzer oder private Eigenheimbauer sind vorwiegend über persönliche Kontakte zu erreichen. Hier sind ein großer Bekanntheitsgrad und ein funktionierendes Netzwerk ausschlaggebend. Schließlich ist ein Unternehmensleiter, der eine neue Firmenzentrale bauen lässt, immer auch ein »Privatmensch«, der viele »Privatmenschen« kennt.

Verbände, Institutionen, Universitäten
Die Kommunikation mit der Fachöffentlichkeit gehört zu den wichtigen Aufgaben eines Büros. Durch eine hohe Präsenz auf diesem Gebiet beweist der Architekt seine Kompetenz in der Vermittlung architekturrelevanter Themen.

Partner
Auch Fachplaner wie Statiker oder Haustechniker sind Kommunikationsgruppen. Sie tragen eine gute Zusammenarbeit weiter und gehören zum Beziehungsnetz eines jeden Büros.

Messebaufirmen und Ausstellungsagenturen
Hat man Erfahrungen im Messebau oder bei der Konzeption und Umsetzung von Ausstellungen, kann man mit diesen Unternehmen gemeinsam akquirieren.

Consultingunternehmen, Berater, Makler
Alle im Immobilienbereich tätigen Menschen haben Kontakte zum unternehmerischen Mittelstand, zu Investoren und Vermietern. Sich mit ihnen auszutauschen kann interessante Erkenntnisse und Verbindungen bringen.

Projektgruppen und Netzwerke
Gerade problematische Entwicklungen in den Städten führen dazu, dass Projektgruppen Aufträge erhalten, Studien erstellen oder sich im Auftrag von Städten oder Kommunen mit der Stadtentwicklung und dem Stadtmarketing auseinandersetzen. Die Aktivität in solchen Gruppen erhöht den Bekanntheitsradius erheblich.

Kunst und Kultur
Gerade in größeren Städten sind die Grenzen bei Aktivitäten zwischen Kunst, öffentlichem Raum und Architektur fließend. Kulturwochen, Ausstellungsreihen und Aktionen bieten die Möglichkeit, sich in diesem Kontext auszuprobieren und einem kulturinteressierten Publikum bekannt zu werden. Hier können beispielsweise auch Kontakte zu Verantwortlichen in Museen und Ausstellungshallen aufgebaut werden.

Medien
Öffentlichkeitsarbeit lebt auch von den Medien als Multiplikatoren. Mit ihrer Hilfe kann eine größere Gruppe von Menschen erreicht werden.

Mitarbeiter
Nicht zuletzt sind die eigenen Mitarbeiter eine Zielgruppe. Nur wenn diese die Kommunikationsstrategie mittragen, ist ein angenehmes und konstruktives Arbeiten möglich. Auch ist so Glaubwürdigkeit gegenüber Partnern, Medien und anderen Interessierten gewährleistet.

Schritt 5:
Positionierung

Jedes Büro hat Eigenschaften, die es als positiv kommunizieren kann. Hier geht es um die Unverwechselbarkeit. Eine niedergeschriebene Positionierung des eigenen Büros dient dem Festhalten eines Stands und formuliert, was das Büro ausmacht. In wenigen Worten wird gesagt: »Das sind wir.« Dabei baut man auf seinen größten Stärken auf und trägt diese nach außen. Diese Positionierung hängt man sich am besten an die Wand, um sie nicht aus den Augen zu verlieren. Ein Beispiel hierfür:

»Wir, die Architekten + Partner, sind ein junges Büro, das schon einige interessante Projekte vorweisen kann. Mit unserem ausgeprägten Sinn für die Kombination innovativer Baumaterialien und unseren fundierten Erfahrungen in ihrer Verwendung heben wir uns von vielen anderen Büros ab. Unser Leistungsangebot richtet sich deshalb an Bauherren, die ungewöhnliche Lösungen und visuelle Überraschungen suchen und sich damit auch selbst darstellen. Dabei spielt die Größe des Projektes nicht die vordringlichste Rolle.«

Sowohl Kunden als auch Mitarbeiter verlangen nach einem überzeugenden Auftritt. Daher sollte überprüft werden, ob das, was man kommuniziert, auch mit der Realität übereinstimmt. Träumt ein Architekt beispielsweise von städtebaulichen Aufgaben, hat aber vor allem Sanierungsaufträge, wird es schwierig, ein überzeugendes Profil zu vermitteln. Zwischen Wunsch, Vermögen und Wirklichkeit muss abgewogen werden. Solche Diskrepanzen führen häufig dazu, dass das Büro sich als »Allrounder« präsentiert, als Team, das alle Bauaufgaben gleich gut erledigen wird. Dies ist selten effektiv, es sei denn, es handelt sich um eines großes Büro, das mehrere Projektteams aufweisen kann. Wenn es im angeführten Beispiel langfristig in Richtung Städtebau gehen soll, dürfte das schwerlich aus dem Stammteam, das sich mit den Sanierungen beschäftigt, zu schaffen sein. Dann muss man sich vielleicht eine kleine Wettbewerbsabteilung leisten, die gezielt an entsprechenden Wettbewerben teilnimmt.

Eine ausgeprägte Spezialisierung auf einem Arbeitsfeld macht das Büroprofil greifbar und lässt auf hohe Kompetenz für diese Aufgabe schließen. Auch wenn eine Spezialisierung vermeintlich erst einmal andere Arbeitsfelder ausschließt, kann sich das Architektenteam schneller einen Namen machen und läuft nicht Gefahr, in der Masse zu verschwinden. Genauso wirkt die Präsentation eines speziellen Baus stärker als die Summierung von Projektdaten aller seit Bürogründung geplanten und realisierten Entwürfe. Auch bei einem breiteren Spektrum gilt es, eine Auswahl der Projekte zu treffen, die besonders öffentlichkeitswirksam sind. Viel hilft nicht unbedingt viel.

»Es wird nie wieder so schön werden wie früher, das ist klar. Es wird einerseits sehr große Büros geben (die berühmten Dreibuchstaben-Firmen), diese werden aber hauptsächlich junge, tendenziell unterbezahlte Leute bis zum Lebensalter von etwa 40 Jahren Lohn und Brot bieten. Und dann werden Nischenanbieter eine Chance haben, wie z.B. die Einmann-Show, die Altbauwohnungen umbaut.«
Benedikt Hotze
Redaktionsleiter BauNetz

Ein Büro bleibt zunächst über seine »Leuchttürme« im allgemeinen Gedächtnis und wird bekannt. Die meisten Büros werden mit einzelnen Gebäuden identifiziert. Die Leuchtkraft dieser Projekte führt dann im Idealfall dazu, dass Bauherren eine Zusammenarbeit mit genau diesen Architekten möchten, selbst wenn sie eine ganz andere Bauaufgabe beauftragen wollen. Dabei wird aber auch häufig deutlich, dass die mediale Wirkung nicht unbedingt mit der geschäftlichen Wirkung übereinstimmen muss. Jedem Architekten sind die Kollegen bekannt, die mit ihren Entwürfen die Grenzen der Wahrnehmung in der Fachöffentlichkeit überschreiten, ohne dass sie viel bauen.

Auf der anderen Seite gibt es Büros, die weniger auffallen, aber auch in Krisenzeiten genug zu tun haben. Diese haben sich ihre eigenen »Leuchttürme« für ihre speziellen Zielgruppen geschaffen. Sie versuchen nicht, die Erfolge der bekannten Architekten zu kopieren.

»Die Arbeit mit namhaften Architekturbüros ist ein zweischneidiges Schwert. Hat man die Möglichkeit, bei den Architekten mit den guten Leuten zusammenzuarbeiten, ist dies natürlich positiv. Bei großen Büros bekommen Sie aber oft in der Anfangsphase einige gute Ideen, doch dann werden diese von anderen Mitarbeitern weiterbearbeitet, und das Ergebnis ist weniger zufrieden stellend. Diese Erfahrung habe ich häufig im Rahmen von Wettbewerben gemacht. Deshalb ist der Name nicht unbedingt entscheidend.«
Prof. Dr. Stephan Bone-Winkel
Geschäftsführung BEOS Projektentwicklung

Im medialen Bewusstsein und in der Fachöffentlichkeit sind es selbstverständlich vor allem die großen Projekte, die im Blickpunkt stehen. Aber man sollte sich bewusst machen, dass diese nur einen Bruchteil des Spektrums aller Bauaufgaben ausmachen.

Wer eine kleine Dorfkirche restauriert hat oder gute Wohnungsgrundrisse entwerfen kann, braucht sich nicht über die häufige Präsenz von Hightech-Bürotürmen auf den Immobilienseiten der Zeitungen zu ärgern. Er sollte sich seine eigenen Zielgruppen erschließen, indem er diese besonderen Bereiche, in denen er Erfahrungen vorweisen kann, kommuniziert: in Spezialmagazinen, auf Fachkongressen oder durch direkte Ansprache. Die potenziellen Geschäftspartner überprüfen die bisherigen Leistungen auf die »Leuchttürme«, die für sie selbst wichtig sind, und werden dann auch fündig.

Schritt 6:
Die Strategieentwicklung

Nach den vorangegangen Schritten ist die Basis für eine Strategie geschaffen. Die Beleuchtung der unterschiedlichen Aspekte und Sichtweisen hat dazu geführt, dass die Ziele des eigenen Büros klar definiert sind. Nun muss überlegt werden, mit welchen Maßnahmen diese realisiert werden können. Bestimmte Zielgruppen sind beispielsweise auf Fachmessen vertreten. Dies könnte dazu führen, dass Messebesuche in die Planung aufgenommen werden müssen. Ferner sind interessante Projekte ein Thema für Pressearbeit. Wenn man erkennt, dass die Selbstdarstellung veraltet ist, sollte das zur Entwicklung neuer Materialien führen.

Eine Strategie ist immer langfristig angelegt, da einmalige Aktionen verpuffen können und nur mit Kontinuität Wirkungen erzielt werden können. Eine Strategie ist die Verzahnung von Maßnahmen auf verschiedenen Ebenen:

- langfristig angelegte Veränderungen wie der Aufbau einer effizienten Datenbank
- kurzfristig angelegte Veränderungen wie die Erstellung einer neuen Website
- projektbezogene Aktionen anhand der

Bauabläufe, z.B. zum Richtfest
- ein gesondertes Konzept, wenn z.B. eine Ausstellungsreihe geplant ist

In den folgenden Kapiteln werden die Maßnahmen, die die Öffentlichkeitsarbeit bietet, vorgestellt. Diese Maßnahmen sollen aufeinander aufbauen, zueinander passen und in einen Zeit-/Maßnahmenplan eingepasst werden, der – ähnlich der Bauplanung – »abgearbeitet« wird.

Die Zeitplanung für zukünftige Kommunikationsmaßnahmen eines Büros beginnt selbstverständlich nicht notwendigerweise mit dem Anfang eines Jahres. An dieser Stelle wurde, um einen idealen Ablauf zu verdeutlichen, ein Kalenderjahr als Planungszeitraum gewählt. Die Konzeptionsphase kann ebensogut zu einem anderen Termin beginnen. Wichtig ist, dass die Planung im Vorfeld der Maßnahmen so exakt wie möglich erfolgt und diesen jeweils ausreichend Vorlaufzeit eingeräumt wird.

Nicht jeden Weg muss und kann man gehen, eine sinnvolle Zusammenstellung dessen, was machbar und passend ist, ist deshalb der letzte Schritt, bevor man mit den eigentlichen Maßnahmen beginnt. Alle vorgestellten Maßnahmen sind unabhängig von der Bürogröße zu realisieren. Auch ein Drei-Personen-Büro kann bei seinen Zielgruppen überzeugend auftreten, wenn es sich seiner selbst bewusst ist.

»Büros sollten eine bestimmte Größe und Leistungsfähigkeit aufweisen, um Projekte schnell und professionell umsetzen zu können. Aber ein klingender Name muss es nicht immer sein. Oft steht dieser nur im Weg und fördert eine gewisse Arroganz. Es lohnt nur dann, auf klingende Namen zu setzen, wenn der Architekt einem Objekt einen Wettbewerbsvorteil verschafft. Und davon gibt es nur wenige.«
Prof. Dr. Stephan Bone-Winkel
Geschäftsführung BEOS Projektentwicklung

Beispielhafter Zeit- und Maßnahmenplan für ein Jahr

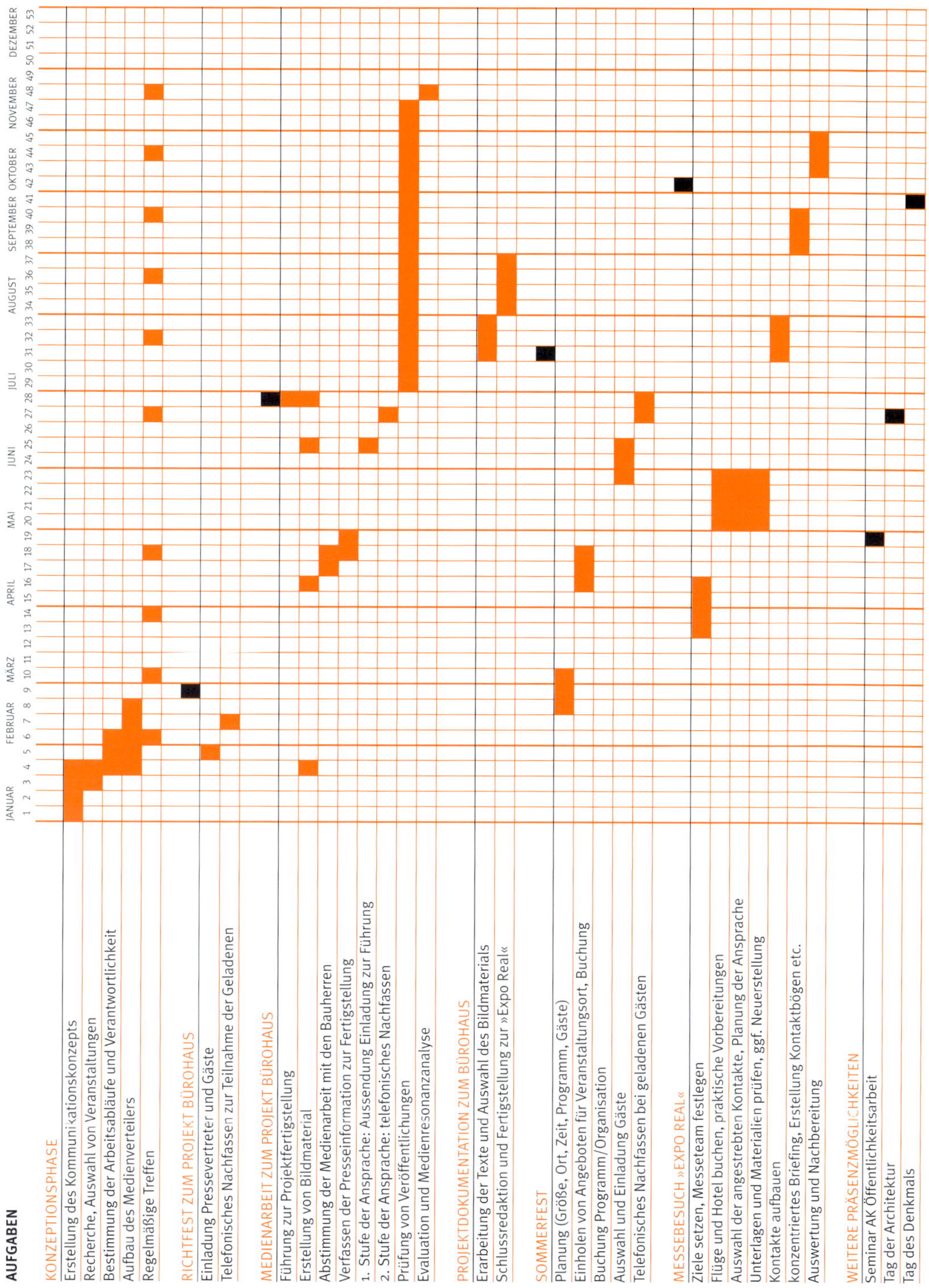

Viele Maßnahmen brauchen ihre Zeit und wirken nach, oft auch durch Wiederholungen und vor allem durch die regelmäßige Ansprache der Zielgruppen. Eine stetige Überprüfung der Maßnahmen auf Sinn, Erfolg und Resonanz ist unbedingt erforderlich und schützt vor unnötiger Kraft- und Geldverschwendung. Auch eine kontinuierliche Marktbeobachtung ist sinnvoll, um unbeeinflussbare Entwicklungen einschätzen und darauf reagieren zu können.

Die regelmäßige Kontrolle der Kosten und Wirkung der Maßnahmen ist unbedingt notwendig. Nur so kann man herausfinden, was zu Entwicklungen im Büro beigetragen hat und welchen Weg man zukünftig gehen sollte. Eine enge Abstimmung und regelmäßiger Austausch zwischen allen an der Kommunikation Beteiligten sorgen dafür, dass positive ebenso wie negative Reaktionen auf die Aktivitäten bekannt werden. Die Ergebnisse dieser Besprechungen sollten protokolliert und ausgewertet werden. Nichts gibt so gut Aufschluss über das eigene Image wie ein Gespräch mit Vertretern seiner Zielgruppen. Deshalb sollte jedes wichtige Telefonat mit Journalisten oder anderen relevanten Gesprächspartnern in einer Notiz festgehalten und in Berichten kommuniziert werden. Die Reaktionen von Presse, TV und Radio werden regelmäßig in einer Medienresonanzanalyse zusammengefasst.

Wenn man diese Arbeit ebenso intensiv betreibt wie die sonstigen Aufgaben, ergibt sich im Laufe der Zeit eine fundierte Basis für die Auswertung. Diese führt wiederum zu neuen Maßnahmen und trägt damit zum langfristigen Erfolg der Kommunikation bei.

Identität und Struktur

3

Die Identität eines Büros setzt sich aus verschiedenen Faktoren zusammen. Zusammengenommen ergeben sie einen Charakter, der gleich dem eines Menschen ein eigenes Innen- und Außenleben entfaltet. Viele Verhaltensweisen sind gesteuert, aber jeder Komplex hat auch ein Eigenleben und eine Dynamik, die es unmöglich macht, alle Ebenen zu kontrollieren. Hat das Büro eine klare Struktur und eine nachvollziehbare Kultur, hat es die richtige Richtung eingeschlagen.

Im Marketing wird von der Corporate Identity gesprochen, wenn es darum geht, die Gesamtheit eines Unternehmens auf ihren unterschiedlichen Ebenen und Handlungsfeldern zu beschreiben und zu definieren. Wenn man seine Büropersönlichkeit kennt, entwickelt und konsequent kommuniziert, bleibt bei den Zielgruppen ein eindeutiges Bild haften. Tut man dies nicht, kann der Eindruck diffus, uneinheitlich oder im schlimmsten Fall sogar negativ sein.

Die Corporate Identity oder Identität eines Büros setzt sich vor allem aus dem eigenen Werk, der Arbeitsweise und dem Beziehungsgeflecht, in das man eingebettet ist, zusammen. Erkennbar ist sie in allem, was das Büro ausmacht:

- Alter, Geschlecht, Ausbildung und Auftreten der Büroinhaber → gleich als erstes!
- Entwürfe und Gebautes
- Größe und Struktur
- Tradition und Bestehen
- Auftreten der Inhaber und Mitarbeiter in der Öffentlichkeit
- Erfolge und Misserfolge
- Partner und Beziehungen
- Sitz des Büros und Lage in der Stadt
- Einrichtung und Ausstattung
- Bürokultur, Führungsstil und interne Kommunikation
- Marketingmaterialien
- Veröffentlichungen und Meinungen
- Corporate Design

Ziel einer guten Öffentlichkeitsarbeit ist es, die Identität des Büros bekannt zu machen und dafür zu sorgen, dass die Qualitäten wahrgenommen werden. Je klarer eine Büroidentität herausgearbeitet wird, desto höher ist die Wahrscheinlichkeit, dass Fremd- und Eigenwahrnehmung übereinstimmen und damit Wiedererkennung und Glaubwürdigkeit gewährleistet sind.

In zahlreichen Veröffentlichungen werden Architekten animiert, eine »Marke« zu werden. Marken kennt man vor allem aus der bunten Warenwelt. Sie dienen der Unterscheidung und Produktorientierung in einem großen und unübersichtlichen Angebot, und in ihre Entwicklung und Erhaltung wird viel Geld gesteckt. Eine Marke und das dazugehörige Design suggerieren einen einmaligen, unverwechselbaren Charakter und Stabilität. Bei Architekten ist damit im Grunde die Herstellung einer Unverwechselbarkeit in Entwurf, Auftreten und Kommunikation gemeint.

Wie schon im Kapitel »Strategische Planung« dargelegt, kann man gezielt an seiner Büropersönlichkeit arbeiten. Es ist sehr schwer, einmal eingeschlagene Wege zu verlassen und Neues einzubringen, aber die Beschäftigung mit dem Büro selbst als lebendigem Organ bietet viele Chancen. Denn die wirklich entscheidenden Veränderungen kommen nicht von außen, sondern von innen. Klare Aufgabenstellungen helfen dabei gegen eine Verzettelung. Rollenschwankungen hingegen führen zu Energieverlusten. Trends sollten beobachtet, es sollte ihnen aber nicht blind gefolgt werden, weder in der inhaltlichen Ausrichtung noch in der Kommunikation. Ansonsten geht die Authentizität verloren und das Profil verschwimmt.

Das verständliche Sicherheitsdenken in schlechten Zeiten führt zu einer Diversifizierung: Alles wird von jedem angeboten, und so werden sich die Büros immer ähnlicher. Dementsprechend stellt sich die Frage, warum man das eine und nicht das andere Büro beauftragen soll. Kleinere Büros können ihre Kompetenz als Generalist nur wenig überzeugend und glaubwürdig vermitteln, denn es wird nun mal nach Größe und bisherigen Projekten bewertet.
Die wenigsten Auftraggeber glauben, dass ein Architekt, der bisher hauptsächlich Sanierungen durchgeführt hat, der richtige für einen Neubau ist. Aus diesen Gründen ist für freie selbstständige Architekten und Büros mit wenigen Mitarbeitern eine Spezialisierung sinnvoll, die dann auch offensiv und deutlich kommuniziert werden kann. In anderen Berufen sind Spezialisierungen ganz selbstverständlich und führen zu gefragtem Expertentum. Wenn man sich auf dem gewählten Parkett sicher bewegt, ist schon viel gewonnen.

Allerdings sollte einzuschätzen sein, wie groß die Chancen sind, auf dem Spezialgebiet dauerhaft ein Auskommen zu finden. Denn auf einer Spezialisierung kann man leicht aufbauen, wechseln kann man sie nicht so schnell. Je besser man sein Fachgebiet beherrscht, desto einfacher kann man nach und nach angrenzende Aufgaben hinzuziehen. Durch geschicktes Geschäftsgebaren und Talent erweitern sich die Aufgabenfelder im Laufe der Jahre.

Spezialisierungen bieten auch kommunikative Perspektiven. Aus Arbeitsfeldern, auf denen man sich sehr gut auskennt, lassen sich leicht Kommunikationsthemen ziehen und Standpunkte besetzen. Wer viel mit Glas baut, hat dazu einiges in Fachdiskussionen zu sagen, und ein Experte für Akustik kann in Vorträgen seine Kenntnisse unter Beweis stellen. Gleiches gilt natürlich auch für Vertreter großer Büros, die auf verschiedenen Feldern aktiv sind.

Es gibt ein stetig wachsendes Angebot berufsbegleitender oder auf dem Architekturstudium aufbauender Möglichkeiten zur Fortbildung. Andere Berufsgruppen übernehmen derzeit verstärkt klassische Architektenaufgaben, und die Versuchung ist groß, es seinerseits auch auf einem anderen Terrain zu probieren.

Wenig sinnvoll allerdings erscheint es, einen komplett neuen Weg einzuschlagen, vom Architekten zum Consultant beispielsweise. Auch in diesem Berufsfeld gibt es schließlich bereits Fachleute, die ihre Dienste anbieten, und viele haben eine weitaus fundiertere Ausbildung, als eine Fortbildung dies leisten kann. Und – hätte man Finanzdienstleister werden wollen, hätte man wohl gleich einen entsprechenden Studiengang gewählt. So ist man in den meisten Fällen auf dem neu betretenen Markt nur zweite Wahl.

Besser ist es, seine eigenen Architektenleistungen durch zusätzliches Wissen so zu optimieren, dass ein Mehrwert kommuniziert werden kann. Aus dem Marktgeschehen sollte man Konsequenzen ziehen und sich weiterbilden, neue Fähigkeiten erwerben, von der Konkurrenz lernen und Zusatzqualifikationen anstreben. Fortbildungen müssen die eigenen Fähigkeiten und Schwerpunkte sinnvoll ergänzen, seien es Projektmanagement, Facility Management oder Denkmalkunde. Dabei seine eigenen Talente, Kapazitäten und Grenzen einzuordnen, gehört zur sinnvollen Positionierung dazu.

»Die Bedeutung von Netzwerken und projektbezogenen Zusammenschlüssen wird weiter steigen. Arbeitsplätze für Architekten in der Immobilienwirtschaft und der Bauindustrie werden in Zukunft nicht mehr abgelehnt werden können. Und: Fachfremde Seitensprünge (Webdesign, Journalismus, Fotografie, Sachverständigenwesen etc.) werden zahlenmäßig weiter zunehmen.«
Benedikt Hotze
Redaktionsleiter BauNetz

Abhängigkeit vom Berufsbild

Das Bild des eigenen Büros wird selbstverständlich auch durch externe Faktoren mitbestimmt. Dazu zählen Zufälle und Widrigkeiten, die man nicht beeinflussen kann, ebenso wie die wirtschaftliche Entwicklung und das Image des Berufsstands.

Ein Großteil der Architekten sieht seine Stärke nach wie vor hauptsächlich im gestalterischen Bereich, erst dann folgen die Fähigkeit zur interdisziplinären Zusammenarbeit und wirtschaftliches Denken (Erhebung des Bundesamtes für Bauwesen und Raumordnung). Dies entspricht dem Bild, das viele Menschen von Architekten haben. So werden diese in letzter Zeit in der öffentlichen Diskussion vermehrt aufgefordert, sich als Dienstleister zu verstehen. Häufig ist der Vorwurf zu hören, Architekten achteten nicht ausreichend auf Bauherreninteressen. Wenn ein Architekt sich als Dienstleister für seinen Kunden versteht, ist das sicherlich nicht verkehrt. Das Wort Dienstleistung meint in dieser Diskussion jedoch häufig kompromissloses Eingehen auf die Bauherrenwünsche nach einer pragmatischen und ausschließlich an den Kosten orientierten Planung. Als Architekt ist man im Idealfall aber auch Berater und Partner und kann die Entwicklung von Erfordernissen und Wünschen steuern. Geschickte Architekten kombinieren Kreativität mit starken wirtschaftlichen Argumenten und entwickeln trotz vieler Kompromisse ein Gebäude, das den eigenen Ansprüchen ebenfalls genügt. Man sollte nicht vergessen, dass Planen und Bauen auch immer noch ein gesellschaftlich relevanter Prozess ist. Dieser Aspekt gerät gegenüber den wirtschaftlichen Interessen immer mehr in den Hintergrund. Mit der aktiven Kommunikation seiner eigenen Qualitäten leistet man auch einen Beitrag gegen diese Entwicklung.

»Schlechte Erfahrungen machen wir gelegentlich mit solchen Büros, die die – für sie ja nützliche – Wirkung einer Veröffentlichung in der Fachpresse nicht wahrnehmen. Da werden wir manchmal bei unserer Materialrecherche behandelt wie Industriespione, die einem Architekten seine Geheimnisse entreißen wollen. Diese Haltung findet man kurioserweise gehäuft bei ostdeutschen Büros, diese sind manchmal sehr kooperationsunwillig.«
Benedikt Hotze
Redaktionsleiter BauNetz

Strukturen aufbauen und pflegen

Eine geordnete und engmaschige Struktur erleichtert das Arbeitsleben und gibt Sicherheit. Strukturen stellt man mit seinen zahlreich erworbenen Beziehungen ebenso her wie durch das gezielte Aufbauen von Partnerschaften.

»Heutige Bau- und Planungsaufgaben sind meist zu vielschichtig, um noch von Einzelnen komplett betreut werden zu können. Das komplexe Produkt Immobilie verlangt nach unterschiedlichen Kompetenzen. Im Vergleich zu Deutschland hat das in den Niederlanden zu höheren Spezialisierungsgraden unter den Architekten geführt. Auch bei kleineren Bauaufgaben wird in Design-, Planungs- und Ausführungsschwerpunkte unterteilt. Diese Rollenzuweisung bedarf einer professionellen Logistik, schafft aber auch neue produktive Freiräume.«
Dipl.-Ing. Architekt Marc Feustel
Büro MAFEU – Berlin
(1998-2002 Projektleiter MVRDV Architekten, Rotterdam)

Partner und Netze

Die Tendenz zu verstärktem Kosten- und Termindruck, die wenigen Akquisitionsmöglichkeiten und die häufig praktizierte freie Interpretation der HOAI führen bei vielen Büros zu der Annahme, an zahlreichen Ausschreibungen und Wettbewerben teilnehmen zu müssen, auch wenn diese vom Büroprofil her gar nicht passen. Diese Bewerbungen erfordern viel Zeit und verursachen Kosten. Daraus resultieren wenige Einladungen, von denen noch weniger zur Auftragsvergabe führen. Zunehmend werden außerdem komplexere Planungsleistungen, integrierte Gesamtplanung und die frühzeitige Beteiligung von Fachingenieuren sowie eine Generalplanertätigkeit nachgefragt, was allerdings selten zu zusätzlichen Honoraren führt. Auch die Zahl der begrenzten eingeladenen Wettbewerbe wird durch die Flut der Einsendungen immer größer.

Ein Schritt zur Entlastung kann der Aufbau von strategischen Partnerschaften und Netzwerken bei Akquisition, Planung und Umsetzung sein. Gemeinsam mit anderen kann man auch Aufgaben angehen, die allein die eigenen Kapazitäten überschreiten würden. Eine verbesserte Zusammenarbeit der planenden Berufe und größere Arbeitseinheiten könnten dann die Wettbewerbsfähigkeit gegenüber Projektsteuerern, Generalunternehmern und -übernehmern verbessern. Im eigenen Umfeld, aber auch auf neuen Feldern, die gezielt gesucht werden, können offene Partnerschaften eine ernsthafte Überlegung wert sein.

»Für den Architekten wird es immer wichtiger, ein Team um sich herum zu haben. Denn die öffentliche Hand lobt nicht mehr nur reine Architektenwettbewerbe aus, sondern verstärkt Investorenwettbewerbe, an denen sich Architekten nur beteiligen können, wenn sie einen Bauträger, Entwickler oder Investor an ihrer Seite haben.«
Prof. Dr. Stephan Bone-Winkel
Geschäftsführung BEOS Projektentwicklung

Organisation und interne Kommunikation

Eine klare Struktur im Büro ist Basis für effektives Arbeiten und einen guten Gesamtauftritt. So sollte sich jedes Büro ein Regelwerk schaffen, das für alle Mitarbeiter verbindlich ist. Sämtliche Mitarbeiter müssen beispielsweise darüber informiert sein, welches die wichtigen Partner und derzeitigen Auftraggeber sind. Aber nicht nur sie, sondern alle Menschen, die mit dem Büro zu tun haben, sollten freundlich, verbindlich und kompetent behandelt werden. Dies funktioniert nur, wenn die interne Struktur und Gesprächskultur im Büro den gleichen Stellenwert hat wie die externe Kommunikation.

»Public Relations begin at home.« Dies ist einer der Grundsätze der Öffentlichkeitsarbeit.

Die wenigsten Mitarbeiter wollen komplett und immer mitbestimmen, sie finden eine gewisse Hierarchie durchaus praktisch und entlastend. Sie möchten aber wissen und verstehen, warum grundlegende Entscheidungen getroffen werden. Die Einbindung aller in wichtige Prozesse erhöht die Identifikation mit dem Büro. Durch nicht nachvollziehbare oder ständig wechselnde Entscheidungen, unstrukturierte Vorgaben und einen unfreundlichen Umgangston verlieren Mitarbeiter den Respekt, werden im schlimmsten Fall nachlässig oder sorgen durch Nichterledigung und stille Sabotage für ernsthafte Probleme.

Gerade bei schlechter Bezahlung und unsicherem Arbeitsverhältnis ist die Bindung an das Büro ausschlaggebend. Frustration kostet viel Geld und bei unzureichender Durchführung eines Projekts sogar manchmal einen Auftrag. Der berühmte »Flurfunk« ist in seiner Wirkung nicht zu unterschätzen. Auch trägt jeder Mitarbeiter seine Meinung über die Bürokultur nach außen und kann dadurch jede noch so gelungene Kommunikationsmaßnahme konterkarieren. Die schönste Broschüre kann so ihren Zweck verfehlen.

Verbindliche Regeln

Für die täglichen Abläufe kann man verbindliche Regeln festlegen. Sehr viele Fehler und Nachlässigkeiten passieren im Arbeitsalltag, weil der eine nicht weiß, was der andere gerade macht, weil die Abarbeitung von Aufgaben nicht aufeinander aufbaut, vieles mehrfach gemacht werden muss und eine Abstimmung nicht rechtzeitig erfolgte. Zur Vermeidung dieser Störungen empfiehlt sich die Einführung eines »runden Tischs«, an dem regelmäßig Anregungen, Lob und Kritik zu bürointernen Strukturen und Arbeitsabläufen diskutiert werden. Die Ergebnisse werden protokolliert und sollten Anlass zu Optimierungen sein.

Regelmäßige gemeinsame Besichtigungen eigener Projekte und interne Projektpräsentationen, die den nicht am Geschehen beteiligten Mitarbeitern verdeutlichen, woran ihre Kollegen gerade arbeiten, sind weitere gute Gelegenheiten für einen Austausch.

Für die praktischen Belange ist eine »Bürobibel« sehr sinnvoll. Sie beinhaltet neben technischen Informationen, z.B. zum Netzwerk, zur Datenbank oder der Ablage, auch wichtige Kommunikationsregeln, d.h. die Darstellung immer wiederkehrender Vorgänge, deren Bearbeitung nicht stets von neuem geregelt werden sollte. Die Inhalte können von einigen Mitarbeitern gemeinsam entwickelt und dann von den übrigen Mitarbeitern ergänzt werden. Neue Mitarbeiter haben es so leichter, sich einzufügen, jedem Mitarbeiter dient das Werk zum Nachschlagen.

Folgende Inhalte einer »Bürobibel« bieten sich an:

- Checklisten zur Projektabwicklung
- Regelungen des Corporate Designs
- Anleitungen zu Computern, Programmen, Netzwerken, Druckern, Geräten
- Ablagesystem
- Datenbanksystem und -eingaberegeln
- Abbildung der vorhandenen Formulare/ Geschäftsausstattung (z.B. Faxvorlagen) und die korrekte Nutzung
- Kommunikation am Telefon
- Empfang von Gästen
- regelmäßige Termine
- Küchenregeln

Am Telefon

Professionalität und Freundlichkeit am Telefon sollten sich von selbst verstehen, tun es aber leider häufig nicht. Wie oft gerät man an unwillige oder schlecht informierte Mitarbeiter, die einem das Gefühl vermitteln, unwillkommen zu sein. Die Vermittlung von Gesprächskultur gehört zur Bürokommunikation. Ähnlich wie bei der einheitlichen Gestaltung von Briefen, E-Mails usw. soll sich jeder Anrufer sofort professionell betreut fühlen, egal wen er erreicht hat.

Unabhängig von der Größe des Büros empfiehlt es sich, dass sich alle Mitarbeiter am Telefon einheitlich melden. Die Nennung des Büros und des eigenen Namens ist obligatorisch und sollte in jedem Fall deutlich erfolgen. Auch wenn der Name des Büros verhältnismäßig lang ist, darf er auf keinen Fall abgekürzt werden. Für den Fall, dass der Anrufer weiter verbunden werden soll, geschieht dies mit zwischenzeitlichem Ausblenden mit der R-Taste. Niemals sollte ein Anrufer mithören, was zwischen zwei Mitarbeitern ausgetauscht wird.

Jeder Anruf wird zu einer Nachricht. Hierfür ist die Nutzung von Gesprächsnotizvordrucken zu empfehlen. In der Notiz wird der Name des Anrufers notiert (buchstabieren lassen!), der Grund der Kontaktaufnahme, die Rückrufnummer und die wichtigsten Nachrichten. Da Telefonate manchmal wichtiger Bestandteil eines Geschäftsvorgangs sind, können diese Blätter anschließend auch in die Akten übernommen werden. Wichtige Namen, Telefonnummern und Daten werden idealerweise zeitnah in die Datenbank eingepflegt, so dass alle Mitarbeiter auf diese Informationen zugreifen können.

Information und Dekoration

An einem schwarzen Brett, einer Pinnwand oder auf einem Tisch im Eingangsbereich kann man Besucher und Mitarbeiter zugleich informieren, wobei die Bereiche für interne Informationen etwas abgetrennt werden sollten. Hier finden Presseartikel, Einladungen und Fotos ihren Platz. Ein Modell und einige gelungene Projektfotos machen die Arbeit des Büros schon beim Eintreten sichtbar und zeigen, dass man sich in einem Architekturbüro befindet.

Datenpflege

Im Projekt arbeiten, auf allen Ebenen Präsenz zeigen, sich auf Veranstaltungen präsentieren und zahlreiche Gespräche führen; da sammelt sich einiges an Kontaktdaten an. Eine vertane Chance ist es, wenn diese nicht in die Büroorganisation Eingang finden. Sammelt ein Büroleiter all die schönen Visitenkarten, die er bei seinen Außer-Haus-Terminen erhält, in seinem Organizer, so hat das Sekretariat wenig davon, wenn beispielsweise überlegt wird, wer zur nächsten Führung eingeladen wird. Beliebt ist dann auch die plötzliche Häufung der

Visitenkarten auf dem Tisch der sowieso schon mit der Organisation eines Termins stark belasteten Mitarbeiter in letzter Minute: »Den müssen wir unbedingt auch noch einladen ...« Das führt erfahrungsgemäß dazu, dass Briefe viel zu spät versandt werden, weil vorher noch tagelang alte mit neuen Adressen und wichtige mit unwichtigen Adressaten abgeglichen und in eine Tabelle eingegeben werden mussten. Diesen Stress kann man sich ersparen, wenn man der Beziehungspflege regelmäßig Zeit einräumt und die Verwaltung seiner Kontakte in die tägliche Büroarbeit einfließen lässt. Alle Mitarbeiter sollte man dazu bringen, auf der Rückseite jeder Visitenkarte zu notieren, bei welchem Anlass und mit welcher Intention sie überreicht wurde.

Um wirklich effektiv mit seinen Kommunikationsdaten arbeiten zu können, bedarf es einer guten Datenbank. Mit der digitalen Adressverwaltung ist die Erstellung verschiedener Verteiler für bestimmte Anlässe und damit eine effiziente Versendung von Rundbriefen oder Pressemitteilungen einfach möglich. Hierfür gibt es unterschiedliche Programme. Wenig geeignet für umfangreiche Daten sind die oft genutzten Excel-Tabellen, denn sie sind zu eingeschränkt in ihren Funktionen und machen oft Probleme in der Kombination mit Word, z.B. beim Serienbriefausdruck. Außerdem haben sie keine wirklich effizienten Suchfunktionen für die Adressverwaltung. Als Alternative stehen zahlreiche Computerprogramme zur Verfügung, die in der Regel ähnliche Möglichkeiten bieten. Sie können für die individuelle Einzelnutzung eingesetzt werden, sind aber meist auch netzwerkfähig. Beim Kauf ist darauf zu achten, für welche Anzahl an Adressbeständen das jeweilige Programm ausgerichtet ist.

Eine wichtige Unterscheidung liegt in der Flexibilität der Programme. Es gibt so genannte Fertigprogramme, die nicht auf den Nutzer abgestimmt werden können, sondern in ihren Verwaltungsoptionen relativ starr sind. Andere Programme, die für die berufliche Nutzung empfohlen sind, werden selbst eingerichtet bzw. von einem IT-Spezialisten individuell auf das Unternehmen eingestellt. Die Programme unterscheiden sich unwesentlich in ihrer Bedienungsweise und Übersichtlichkeit, und die meisten bieten die Möglichkeit, durch die persönliche Konfiguration auf die eigenen Anforderungen an eine Adressdatenbank einzugehen. Die Wahl für ein Adressprogramm entscheidet sich aufgrund persönlicher Vorlieben. Kostenfreie Demoversionen hunderter unterschiedlicher Programme stehen im Internet als Download zum Ausprobieren zur Verfügung. Fast alle sind für Macintosh und PC kompatibel.

Wer bereits das Microsoft Office-Paket besitzt, hat die Access Office-Software zur Verfügung. Die Datenbank kann mehrere hunderttausend Datensätze verwalten und ist für den Zugriff von etwa einem Dutzend Arbeitsplätzen geeignet. Die Nutzeroberfläche kann nach eigenen Bedürfnissen maßgeschneidert werden.

Ein weiteres, häufig eingesetztes Programm ist FileMaker Pro. Dieser Adressmanager bietet nahezu die gleichen Voraussetzungen wie Access und ist für ca. 250 Euro zu erwerben. Der Vorteil von FileMaker ist die besser aufgearbeitete Nutzeroberfläche und die unbegrenzte Anzahl möglicher Datensätze. Konfigurationsschwierigkeiten mit Office-Programmen, z.B. bei einer Verknüpfung mit Excel-Tabellen, gibt es nicht.

FileMaker eignet sich besonders gut für die Programmierung nach den speziellen

Bürobedürfnissen. Das kann im Büro durch einen Mitarbeiter geschehen. Die notwendigen Schritte sind einfach zu erlernen. Voraussetzung ist, dass man sich im Vorfeld intensiv Gedanken über die Anforderungen macht, damit man alle Möglichkeiten nutzt, die ein solches Programm bietet.

Neben den klassischen Eingabefeldern wie Unternehmen, Vorname, Nachname, Titel, Abteilung oder Telefonnummer gibt es eine Reihe von weiteren Optionen, vor allem einordnende Kategorien. Bei den Kategorien lassen sich die Kontakte nach Unternehmen, Presse, Einzelpersonen unterscheiden und durch zusätzliche Unterkategorien noch genauer spezifizieren. Um das Zusammenstellen einer Auswahl von Kontakten zu erleichtern, werden die Eintragungen mit kurzen Informationen zur Beziehung ergänzt, beispielsweise Vorlieben, den Anlass des Kennenlernens oder Fachgebiete. Mit verschiedenen Layouts lassen sich die Daten in Listen zusammenstellen, in Briefadressen wandeln oder als Etiketten ausdrucken.

Ein sehr gute Investition ist die professionelle Bearbeitung der Software. Ein Programmierer ermittelt gemeinsam mit dem Büro die Notwendigkeiten und entwickelt eine datenbankgestützte Bürokommunikation, die sämtliche Kontakte nach außen und innen verwaltet. Das kann so weit gehen, dass bei einem eingehenden Anruf sofort alle entsprechenden Kontaktdaten auf dem Bildschirm erscheinen. Man hat dann alle Informationen während des Telefonats vor Augen. Die gesamte Bürokorrespondenz sollte über dieses Programm gehen, so ist alles gebündelt und jederzeit einsehbar. Sinnvoll ist es, bei dieser anspruchsvollen Verwaltung nur bestimmten Personen Änderungsvollmacht für Adressen oder Konfigurationen zu geben. Die Honorare für die Programmierung schwanken je nach Dienstleister und Anforderung stark. Um die Kosten für diese individuelle Lösung im Rahmen zu halten, kann man sich mit Partnerbüros zusammentun und ein gemeinsame Software entwickeln lassen.

Präsentation und Corporate Design

4

Jedes Büro präsentiert sich mit einer Reihe von Materialien. Das geht beim Briefpapier los und kann bis zu hochwertigen Projektbüchern führen. Einiges ist notwendige Basisausstattung, und was dann schöne Ergänzung ist, hängt vom Geldbeutel und den Möglichkeiten der Verbreitung ab.

Bei den Möglichkeiten der Präsentation gibt es neben den Kapazitäts- und finanziellen Grenzen wenig Einschränkungen. Zwar begrenzt das Werbeverbot für Architekten die Außendarstellung nach wie vor. Das bereitet aber in der Praxis kaum Schwierigkeiten. Laut Gesetz bieten Architekten einen »Dienst höherer Art« an, wie auch Ärzte, Apotheker und Rechtsanwälte. Auf der Basis dieses rechtlich verfügten Berufsbildes gab es bis vor wenigen Jahren sehr strenge Vorschriften dafür, wie Architekten für sich werben durften. Der Grundgedanke dabei ist der Verbraucherschutz. Leistungen dieser Berufsgruppen sollten nur sachlich bewertet und potenzielle Auftraggeber vor marktschreierischer Werbung für so substanzielle Dienstleistungen geschützt werden. Das Bundesverfassungsgericht hat diese Vorschriften mittlerweile gelockert, da es der Auffassung war, dass in der Öffentlichkeit ein Interesse daran besteht, auch über Dienstleistungsangebote von freiberuflich Tätigen informiert zu werden. Vor diesem Hintergrund haben die Architektenkammern ihre bisherigen Regelungen zur Werbung des Architekten liberalisiert.

In dem Bestreben, die Möglichkeiten und Grenzen der Architektenwerbung möglichst bundeseinheitlich zu gestalten, hat die Projektgruppe »Werbung« der Bundesarchitektenkammer auf Grundlage dieser aktuellen Rechtsentwicklung einen Wegweiser für die Erschaffung neuerer Werbegrundsätze erarbeitet. Dabei sollen drei Grundsätze gelten:

– Zulässig ist eine sachliche, berufsbezogene Information in allen Print- und Werbemedien, die in Form und Aufmachung nicht auffällig und aufdringlich ist. Dazu gehören z.B. die Benennung von Schwerpunkten der eigenen Bürotätigkeit, die Angaben über berufliche Zusatzqualifikationen, redaktionelle Beiträge, die Ausstellung eigener Werke u.a.
– Die Werbung eines Architekten darf nicht aufdringlich, anpreisend und reklamehaft sein. Das Verbot berufswidriger Werbung soll eine Verfälschung des Berufsbildes des Architekten durch Verwendung von Werbemethoden, wie sie in der gewerblichen Wirtschaft üblich sind, verhindern.
– Unzulässige Werbemaßnahmen sind solche, bei denen der Informationswert in den Hintergrund tritt und die vergleichend oder irreführend sind. Werbung, durch welche die Unabhängigkeit des Architekten beeinträchtigt werden könnte, ist zu vermeiden.

Diese Grundsätze können nur Anhaltspunkte sein. Die genauen Einzelheiten bestimmt die Berufsordnung der Architektenkammer des jeweiligen Bundeslandes, bei der man sich im Zweifelsfall informieren sollte.

Ein Thema, das immer wieder diskutiert wird, ist die Anzeigenschaltung. Es ist erlaubt, Anzeigen zu schalten, wenn sie die oben genannten Kriterien erfüllen. Da diese Werbeform bisher nicht genutzt wird, fehlen Erfahrungswerte in der Resonanz. Anzeigen sind überdies sehr teuer und wirken nur durch ständige Schaltung. So ist derzeit davon eher abzuraten.

Das Corporate Design ist das einheitliche Erscheinungsbild aller Materialien. Farbe, Typografie und Layout unterstreichen das Büroprofil. Die beiden notwendigen Schritte hin zu einer erfolgreichen visuellen Unterstützung der Öffentlichkeitsarbeit sind Corporate-Design-Richtlinien und deren konsequente Umsetzung für alle Kommunikationsinstrumente. Diese Vorgehensweise kann auch Kosten sparen, da spätere individuelle Neuentwürfe nicht notwendig sind. Bei der Erstellung bzw. der Überarbeitung eines Corporate Designs sollten vor allem Kriterien wie Langlebigkeit, Prägnanz, Eigenständigkeit, Wiedererkennungswert und Ästhetik im Vordergrund stehen. Vom Briefpapier bis zum Plankopf-Stempel vermittelt ein einheitlicher Auftritt Souveränität und Achtung den Adressaten gegenüber.
Alle Präsentationsmaterialien sollten im einheitlichen und stimmigen Corporate Design des Büros gehalten sein. Für die Erstellung eines neuen Erscheinungsbildes muss auf jeden Fall ein Grafiker engagiert werden. Dem Entwurf voraus geht ein Briefing, das die Vorstellungen des zukünftigen Auftritts eingrenzt und damit dem Grafiker erst die Möglichkeit gibt, gute Ideen zu entwickeln. Das Corporate Design umfasst:

Das Logo
Hier wird im Wesentlichen in Bildmarken, Wortmarken und kombinierte Marken unterschieden. Da sich im Gegensatz zu anderen Unternehmen ein Architekturbüro meist sehr stark über die Inhaber definiert, bevorzugen viele Architekten Wortmarken, eine klare schriftliche Niederlegung ihrer Namen. Das führt zu einem eher geringen Wiedererkennungswert, eine starke grafische Lösung fängt dies auf. Man kann aber auch ruhig einmal ein wenig weiterdenken und gemeinsam mit dem Grafiker eine Bildmarke ausprobieren.

Die Hausfarbe
Sie ist eines der wichtigsten Erkennungs- und Unterscheidungsmerkmale. Viele Marken verbinden wir mit ihren Farben. Die Wahl sollte nicht nur nach persönlichem Geschmack und vor allem nicht nach Modetrends erfolgen. Farben sind emotional stark besetzt und können Gefühle und Werte wie Seriosität (bordeauxrot, dunkelblau), Innovation/Leichtigkeit (orange) oder Frische (hellgrün) transportieren.

Die Hausschrift
Große Unternehmen lassen eigens Hausschriften kreieren. Das ist ansonsten aber nicht notwendig, da eine Vielzahl von Schriften zur Verfügung steht. Durch die Wahl der Schrifttypen dokumentiert ein Büro ebenfalls sein Selbstverständnis. Wählt man eine zeitlose Schrift, die in allen Medien gut lesbar ist und beispielsweise auch noch zu einer eventuellen Spezialisierung passt, hat man alles richtig gemacht. Den Schriftzug sollte man problemlos auch in schwarz-weiß kopieren können.

Gestaltungsraster
Die Verwendung solcher Raster ermöglicht es, zeit- und kosteneffektiv zu arbeiten, da konstante Gestaltungselemente (Text, Bild) in ein feststehendes Ordnungssystem eingefügt werden.

Hat man einen ersten Entwurf in den Händen, müssen gemeinsam mit dem Grafiker folgende Fragen beantwortet werden:

- Passt das Design tatsächlich zum Büro?
- Können sich Inhaber und Mitarbeiter damit grundsätzlich identifizieren?
- Hebt es sich von dem anderer Büros ab?
- Eignet es sich für alle gleichermaßen? Orange beispielsweise sieht im Internet oft aufdringlich aus, schwarze Schrift auf Farbe oft etwas schmutzig.
- Vermitteln das Logo, die Schrift und die Hausfarben den »Geist« des Büros, z.B. jung, traditionsbewusst, kompetent oder seriös?

Die Grundausstattung zur Präsentation bilden die nachfolgenden Informationsmaterialien. Eine realistische Auflagenschätzung macht Sinn, auch wenn sich die Druckkosten durch höhere Stückzahlen nicht wesentlich verändern. Denn ein Berg alten Papiers, der nicht unter die Leute gebracht werden konnte, verursacht ein schlechtes Gewissen, und Änderungen sind oft schneller nötig, als man denkt.

Imagebroschüre oder -blätter
Die Imagebroschüre stellt das Büro als Ganzes vor. Hier stehen nicht nur aktuelle Projekte im Vordergrund, sondern auch eine Auswahl an Referenzen, welche zusammen einen guten Überblick über das Leistungsspektrum des Büros geben. Zunächst steht die Frage im Raum, für wen man die Broschüre produziert und ob man überhaupt Absatzmöglichkeiten in überschaubarer Zeit hat. Hat man dies bejaht, steht der Planung nichts im Wege.

Eine gebundene Broschüre ist nicht unbedingt praktisch. Kurz nach der Drucklegung wird ein Wettbewerb gewonnen oder ein Büropartner scheidet aus, und schon ist sie nicht mehr nutzbar. Besser ist es, sich ein System zu überlegen, das flexibel ist und durch die Möglichkeit, Blätter einzulegen, immer neue Inhaltskombinationen zulässt. Sonderformate sind schwierig, weil sie nicht in die gängigen Umschlagsgrößen passen und dadurch höheres Porto anfällt. Gutes Papier und eine fehlerfreie Druckqualität sollten selbstverständlich sein.

Bei einem solch repräsentativen Medium ist die Stimmung sehr wichtig, die zwischen den Zeilen und mit Layout und Bildern vermittelt wird. Sie kann beispielsweise seriös sein, heiter oder unterkühlt modern. Hauptsache, sie passt zum Bürocharakter. Weicht die Anmutung der Broschüre stark davon ab, verlässt man den

Weg einer konsequenten und überzeugenden Büropräsentation.

Ein Ansatz für die Inhalte einer Imagebroschüre ist folgende Aufteilung:
- Selbstdarstellung: Selbstverständnis, Größe, Ansprüche, Kompetenzen
- Architektur: allgemeine Einführung, Beispiele für Projekte aus den einzelnen Themenbereichen (Denkmalschutz, Industriebau, Gewerbebau o.Ä.)
- wichtige Informationen (u.a. Kontakt, Standorte, direkter Ansprechpartner)

Viele Architekturbüros legen in ihren Präsentationsmaterialien großen Wert auf die Projektbilder, vernachlässigen aber die Texte. Fotografien stehen hier natürlich im Mittelpunkt, sie sind der Blickfang und laden zum Lesen ein, nicht umgekehrt. Doch häufig sind die Texte stark aus »Architektensicht« geschrieben und bedienen damit nicht unbedingt das Informationsbedürfnis der Zielgruppen, sagen zu wenig aus und treffen nicht den inhaltlichen Kern. Deshalb ist es bei einem so wichtigen Vorhaben auf jeden Fall besser, auf externe Unterstützung zu bauen.

Auch wirkt nichts peinlicher als nachgeahmte Werbersprache. Ebenso ist es mit den Bildern. Die beliebten »Stimmungsbilder«, auf denen eifrige, behelmte Mitarbeiter mit Plänen unter dem Arm auf der Baustelle zu sehen sind, sind nur selten wirklich gelungen und erinnern an Immobilienverkaufsprospekte.

Projektblätter

Projektblätter sind das ideale Medium für individuell zusammenstellbare Informationspakete, z.B. für die Teilnahme an VOF-Verfahren. Sie haben einen eher informativen Charakter. Die Inhalte sollten daher klar strukturiert sein, damit entscheidende Informationen schnell kommuniziert werden. Um rasch auf Ausschreibungen reagieren zu können, ist ein gut sortierter Vorrat sehr praktisch.

Ein Projektblatt kann so aufgeteilt sein:
- Bauherr
- Fertigstellungsdatum
- Architektonische Idee
- Besonderheiten und technische Herausforderungen
- Leistungsbild/Art des Auftrags
- Kosten
- Partner

Projektdokumentationen

Zu gelungenen Projekten sind Dokumentationen schön, die auf wenigen Seiten die Entstehungsgeschichte eines Bauwerks erzählen, im Layout angelehnt an die übrigen Materialien. Diese Hefte sollten hochwertig – nicht gleichbedeutend mit teuer – sein und dienen nicht als »Massenakquisitionsmittel«. Sie werden nur ausgewählten Personen überreicht. Voraussetzung dafür ist, dass man von Beginn des Bauens an regelmäßig hochwertige Fotos erstellen lässt, damit am Schluss nicht Baustellenschnappschüsse, die eigentlich zum Beleg von Mängeln gemacht wurden, die einzigen vorhandenen Bilder sind. Hat man einige von diesen Heften beisammen, können sie in einem Schuber eine gute Ergänzung zu den Imageblättern darstellen.

»Die eigenen Positionen offensiv darzustellen und deren Marktgängigkeit zu prüfen, ist eine bewusste Strategie vieler holländischer Planungsbüros. Man versucht sich nicht nur aktiv über Inhalte zu profilieren, sondern investiert auch konsequent in Kontakte und Netzwerke. Projektbegleitende ›Booklets‹ sind keine Hochglanzbände, finden aber doch ihren Weg in die Handbibliotheken der Bauherren.«
Dipl.-Ing. Architekt Marc Feustel
Büro MAFEU – Berlin
(1998-2002 Projektleiter MVRDV Architekten, Rotterdam)

Wettbewerbspräsentationen
Immer häufiger werden in den vorgeschalteten Bewerbungen schon standardisierte Unterlagen verlangt, um der Flut des Papiers Herr zu werden. Es lohnt sich, entsprechende Standards im Büro zu verankern. Auch hier gilt – wie später bei der Einreichung des Wettbewerbsbeitrags – dass die Präsentation einheitlich sein sollte und die vorgegebenen Formate nur ignoriert werden dürfen, wenn die Idee dahinter auch wirklich brillant ist. Es ist unbedingt notwendig, Erläuterungsberichte von einer kompetenten Person, d.h. dem PR-Verantwortlichen, der beauftragten Kommunikationsagentur oder einem Texter, gegenlesen und überarbeiten zu lassen, denn bei einer solchen Präsentation kommt es ganz besonders auf Prägnanz und schnelle Verständlichkeit an.

Fotos und Visualisierungen

Ein Bild, gut durchgestaltet und überzeugend in Szene gesetzt, kann ausreichen, um einen potenziellen Auftraggeber zu überzeugen. Aber welches ist dieses Bild? Der Inhalt ergibt sich aus der Entwurfsidee, dem Gegenüber und dem Zweck der bildhaften Darstellung. Eine sehr sachliche Grundidee kann beispielsweise durch eine entsprechend strenge Darstellung in Grafik und Farbwahl noch unterstrichen werden. Man kann aber auch, wenn die Befürchtung besteht, der potenzielle Kunde würde sich dann nicht mit dem Entwurf identifizieren, durch die »Beigabe« von Menschen in der Bildkomposition oder die Farbpalette die Strenge mildern. Es lohnt sich, sich hierbei in die Rolle des Adressaten zu versetzen und sich vorzustellen, mit welchen Worten er das Bild Kollegen oder Vorgesetzten weiterreichen würde.

Fotos
Fotos sind für die Akquisition und Kommunikation das zentrale Mittel. Schließlich kann ein Architekt seine Produkte nicht mit zu einem Gespräch nehmen, sie sind nun einmal immobil. Aber er kann das durch eine durchdachte Auswahl von Bildern kompensieren, denn die Fotos belegen das, was man in der verbalen und schriftlichen Kommunikation mit Worten darlegt, eindrucksvoll und authentisch. Sie vermitteln auch Gefühlswelten, erzählen eine Geschichte und versetzen den Adressaten so im Idealfall in die richtige Stimmung und Offenheit, sich näher mit den Verfassern zu beschäftigen.

Dabei ist nicht nur die Fassade, die repräsentative Außenansicht maßgeblich. Die Gesprächspartner werden in den meisten Fällen Menschen sein, die sich entweder vom nächsten Projekt eine hohe Rendite versprechen oder die Räume selbst nutzen wollen. Entscheidend ist für sie deshalb vor allem die Nutzbarkeit eines

Gebäudes. Deshalb kommt den Fotografien der Innenräume eine große Bedeutung zu. Im Idealfall kann sich der Betrachter schon vorstellen, ein ähnliches Gebäude selbst zu betreten.

Die Erkenntnis, dass man für gute Fotos einen Fotografen beauftragen sollte, hat sich in vielen Büros schon durchgesetzt. Diese Investition lohnt auf jeden Fall. Gut ist es, ein langfristiges Auftragsverhältnis einzugehen, damit die Bilder in ihrer Gesamtpräsentation eine einheitliche Sprache sprechen. Die Spanne der Honorare ist sehr breit, von 600 Euro bis zu 1.800 Euro pro Tag, dann meist inklusive Reisekosten und Material, ist auszugehen. Es gibt auch Fotografen, die günstiger sind, vor allem, wenn sie aus der Gegend stammen und die Anreise nicht ins Gewicht fällt. Im Internet findet man Agenturen, die sich auf Architekturfotografie spezialisiert haben. Sie können bei einer Anfrage den geeigneten Fotografen vermitteln.

Visualisierungen

Längere Zeit war es üblich, zu Akqusitionszwecken ein Vermögen für die Herstellung von Renderings und Visualisierungen auszugeben. Das hat sich zwischenzeitlich wieder etwas gelegt. In vielen Büros werden diese Arbeiten inzwischen selbst geleistet, häufig wegen mangelhafter Beherrschung der Programme und fehlender gestalterischer Idee mit wenig befriedigenden Ergebnissen. Auch gelingt es nicht immer, Mängel des Entwurfs mittels einer eindrucksvollen Präsentation zu überdecken. Die Materialien sollten eher projektbezogen und bauherrenspezifisch sein. Deshalb ist zum passenden Projekt auch eine schöne Handzeichnung möglich. Eine individuelle Bildsprache, künstlerisch anspruchsvoll und den Entwurfsgedanken transportierend, kann dabei auch Bestandteil der Corporate Identity sein.

Idealerweise versucht man in einer Präsentation, Spielraum offen zu halten, eine Idee zu liefern, aber nicht zu suggerieren, dass man das endgültige Produkt vorstellt. Kostenzwänge und daraus resultierende Materialeinsparungen oder Änderungswünsche des Bauherrn mitten in der Planungsphase bringen es häufig mit sich, dass das fertige Gebäude nicht dem entspricht, was Monate vorher visualisiert worden ist. Dies kann eine Enttäuschung auslösen, die dazu führt, dass eine weitere Zusammenarbeit nicht zustande kommt, obwohl eigentlich alle Beteiligten mit dem zufrieden sein müssten, was im Zeit- und Kostenrahmen geschafft wurde.

»Marketing – bezogen auf Architektur – bedeutet nicht, dass der potenzielle Kunde vorgibt, wie ein Haus auszusehen hat. Vielmehr besteht die Rolle des Marketings darin, die Kreation und individuelle Leistung des Architekten mit dem passenden Kunden zu verknüpfen.«
Jan R. Krause
Professor für Architektur und Media Management, FH Bochum und Leiter Marketing und Kommunikation der ETERNIT AG, Berlin

Neben den klassischen Marketingmaterialien bietet die Architektur natürlich noch andere Möglichkeiten zur Präsentation. Gerade größere Vorhaben kosten aber viel Zeit, Kraft und Geld. Wer sich entschließt, ein Buch oder auch umfangreiche Artikel in Angriff zu nehmen, muss dies genauso wie ein Projekt einplanen.

Beiträge zu Fachpublikationen
Die im Büro vorhandenen Kompetenzen bieten unter Umständen die Möglichkeit, in Zusammenarbeit mit einem Verlag Spezialwissen in einem Fachbuch oder einem entsprechenden Beitrag zu verbreiten. Es macht durchaus Sinn, entsprechende Verlage offensiv anzusprechen.

Verbands- oder Unternehmenspublikationen
Immer mehr Verbände oder Baustoffpartner entwickeln eigene Publikationen. Hat man ein Material intensiv genutzt oder Produkte gemeinsam mit einem Hersteller weiterentwickelt, kann dies der Grund für eine Veröffentlichung in einer solchen Broschüre sein. Entsprechende Hefte finden eine breite Leserschaft und bieten damit die Chance neuer Kontakte. Beispiele hierfür sind *Bauen mit Holz*, *Bauen im Bestand* oder *Trockenbau-Akustik*. Große Unternehmen wie Zumtobel Staff haben eigene Magazine wie *Light live*, die Projekte, in denen ihre Produkte eine wichtige Rolle spielten, hochwertig aufbereitet redaktionell präsentieren.

Das Buch zum Büro oder zum Projekt
Ein Buch ist ein umfangreiches Vorhaben, das vom persönlichen und finanziellen Aufwand her nicht zu unterschätzen ist. Gerade im Bereich Bauen für den privaten Auftraggeber kann ein Buch eine sehr sinnvolle Investition sein, da nichts Kompetenz so eindringlich suggeriert wie Schwarz-auf-weiß-Gedrucktes. Auf eine gewisse Abnehmerzahl sollte man aber schon bauen können. Hier ist auch der Verlag wichtig, ohne ein gutes Vertriebssystem macht eine Publikation wenig Sinn.

Jahrbuch
Ist das Büro groß genug, um eine solche Investition zu rechtfertigen, vermittelt ein Jahrbuch als Geschenk Interesse an seinen Partnern und Bauherren. Allerdings ist eine Ansammlung von sachlichen Projektbeschreibungen eher langweilig. Ein journalistischer Text regt an, nicht nur die Bilder zu betrachten, sondern sich auch in die betreffenden Inhalte zu vertiefen. Eindrückliche Fotos z.B. von den Baustellen beziehen den Betrachter in die Entwicklungen ein. Hier sind Chronologie und Vollständigkeit nicht zwingend notwendig. Ein solches Vorhaben bedeutet allerdings auch, dass die Prozesse stetig fotografisch und textlich festgehalten werden müssen.

Themenpublikationen
Eigene Veröffentlichungen zu allgemeinen Fragestellungen der Architektur und Stadtplanung, Gedanken und zeichnerische Darstellungen sind, wenn sie für die Branche oder sogar darüber hinaus Relevanz haben, ein sehr gutes Mittel, sich zu positionieren. Möglich ist beispielsweise die Kooperation mit einer Hochschule in einem Forschungsprojekt mit einer anschließenden Publikation.

Die Website ist Teil der Bürokommunikation. Auch wenn sich über sie im Allgemeinen keine direkten Aufträge akquirieren lassen, bedeutet es nicht, dass sie unbeachtet bleibt. Vor allem fällt es auf, wenn sie fehlt. Viele Büros haben inzwischen eine Internetpräsenz, aber scheinen ihr entweder nicht viel Bedeutung beizumessen oder sie für eine Komplettdokumentation aller Projekte zu halten. Das macht sich leider oft negativ bemerkbar.

Denn das Internet wird häufig genutzt, um sich einfach einen Überblick über ein Unternehmen zu verschaffen. Viele Menschen besuchen eine Seite, nachdem sie eine Visitenkarte überreicht bekamen oder den Namen eines Büros in einer Publikation gelesen haben. Wenn sie dann mit einer unübersichtlichen, veralteten oder langsamen Präsentation konfrontiert werden, verebbt das Interesse ganz schnell.

Dem Domainnamen, der URL, kommt eine wichtige Bedeutung zu. Gerade bei mehreren Partnern ist es schwierig, einen geeigneten Namen zu finden. Vermeiden sollte man aber trotzdem eine URL, die nur aus Abkürzungen besteht, denn diese kann sich niemand merken, und sie wirkt sehr unpersönlich. Bei www.denic.de kann man leicht überprüfen, ob ein gewünschter Name bereits vergeben ist.

Konzeption

Für die Konzeption der eigenen Internetpräsenz sollte man sich, wie bei allen anderen Maßnahmen auch, etwas Zeit nehmen und gemeinsam mit einigen Mitarbeitern überlegen, welche Inhalte für das Büro wichtig sind. Gut ist es, dies gemeinsam mit dem Webdesigner zu machen, denn er kennt anschließend die Vorstellungen genau und kann rechtzeitig darauf hinweisen, wo es Erweiterungsmöglichkeiten, z.B. durch später zu ergänzende Unterseiten, gibt und wo die Grenzen sind.

Bei den Inhalten und der Gestaltung der Seite sind einige grundlegende Regeln zu beachten. Die erste: Weniger ist mehr! Man muss nicht alle Projekte mitsamt Plänen, schlecht erkennbaren Grundrissen und mehreren Fotos präsentieren. Richtig ist eine kompakte Auswahl, die einen klaren Eindruck von der Arbeitsweise und Ausrichtung des Büros vermittelt. Hier muss man sich dann gegebenenfalls auch über die Wünsche der Mitarbeiter, ihre eigenen Projekte im Netz zu sehen, hinwegsetzen. Erreicht werden soll ein schlüssiger Gesamteindruck, und der wird von den Kommunikationsfachleuten geplant.

Die klassische Aufteilung vieler Websites hat sich bewährt: Begonnen wird mit der Selbstdarstellung. Viele Unternehmen und Büros benutzen hierfür den Ausdruck »Philosophie«. Leider hält der Inhalt dann meist nicht, was dieses Wort verspricht. Besser ist es, »Profil« oder »unser Büro« zu verwenden. Weiter geht es über die Leistungen und die Projekte – gegebenenfalls aufgeteilt in verschiedene Schwerpunkte – hin zur Kontaktseite. Diese sollte einfach zu erreichen sein. Das klingt selbstverständlich, doch gibt es viele Seiten, auf denen man lange suchen muss, bis man Telefonnummer oder Adresse findet. Eine vorgeschaltete Startseite sollte nicht nur ein »Willkommen« beinhalten, sondern gleich eine Information oder Navigation bieten.

Betreibt das Büro intensiv Pressearbeit und hat dafür auch die entsprechenden Inhalte, sollte dem Auftritt auch eine Presseseite zugefügt werden. Die Seite stellt einen Service für Medienvertreter dar, aber auch andere Interessierte schauen gerne hinein. Sie enthält in jedem Fall den Namen und die vollständigen

Kontaktdaten des Presseverantwortlichen im Büro. Darüber hinaus werden hier aktuelle Presseinformationen, aber auch veröffentlichte Presseartikel als downloadfähige pdf-Dateien bereit gestellt. Ältere Pressemitteilungen sollten in einem als Unterpunkt eingerichteten Archiv gesammelt werden. So können Journalisten einen Eindruck von früheren Bauprojekten und damit auch ein umfassenderes Bild von der Arbeit des Büros gewinnen.

Auch Bilder von Projekten können hier angeboten werden. Hier ist ein Bestellformular mit verschiedenen Bildmotiven ratsam. Stellt man alle Bilder direkt zum Download bereit, hat man keine Übersicht, wer sich etwas heruntergeladen hat, kann also auch nicht nachfassen. Außerdem finden sich die Bilder im schlimmsten Fall zum Verkauf bei Bildagenturen wieder. Auf jeden Fall sollten die Bildrechte vorab geklärt sein.

Gestaltung

Häufig wird von Büros für die Gestaltung des Onlineauftritts ein externer Webdesigner hinzugezogen. Idealerweise ist dies jemand, der nicht nur von Programmierung, sondern auch von Kommunikation und der Wirkung der verschiedenen Möglichkeiten, die das Netz bietet, Ahnung hat. Jedoch kann es passieren, dass der Webdesigner völlig andere Vorstellungen von einem guten Corporate Design hat als der interne oder externe Grafiker, der für die anderen Medien zuständig ist. Hier gilt es, bei seiner Linie zu bleiben.

Grafiken, Bilder und gegebenenfalls auch Animationen sind Bestandteil einer guten Internetseite, auf aufwändige Spielereien, die lange Ladezeiten erfordern, sollte im Sinne der Nutzerfreundlichkeit jedoch verzichtet werden. Nicht jeder hat Lust, sich ständig die neuesten Player herunterzuladen, und fühlt sich bevormundet, wenn er auf der Homepage erst einmal aufgefordert wird, seine Programme zu aktualisieren.

Texte

Die Wahrnehmung von Texten auf dem Bildschirm ist eine völlig andere als auf dem Papier. Online muss es noch knapper und präziser sein, keine langen Sätze und schon gar keine langen Absätze. Wenn es geht, sollten Texte so weit zugespitzt sein, dass es nicht notwendig ist zu scrollen.

Auch in diesem Medium ist eine präzise Selbstdarstellung gefordert. Und auch hier sind die Adressaten nicht nur die Bauherren, an die man zuerst denkt. Die Seite dient ebenso Journalisten, Kollegen, Partnern und zukünftigen Mitarbeitern als Informationsquelle. Und so ist ein neutraler Ton ohne direkte Ansprache auf jeden Fall die beste Wahl.

Trotzdem ist es gut, im »Wir« zu reden, eine Bürobeschreibung in der 3. Person wäre zu unpersönlich. Unbedingt nötig ist es, das »Wir« auf der Profilseite durch eine Vorstellung der Büroinhaber mit Namen und Biografien zu versehen und auf der Kontaktseite einen konkreten Ansprechpartner für alle Fragen am Telefon, per Mail oder Brief zu nennen. Das erspart Kontaktsuchenden eine Rückfrage am Telefon.

Vernetzung

Auch im Netz kann man allein bleiben oder Verbindungen aufbauen. Jedes Büro hat Partner, und wenn man diese nennen kann, sollte man es auch ruhig tun. Je stärker eine Website mit anderen Websites verlinkt ist, desto höher wird diese von Suchmaschinen gewertet. Besonders bei kleinen Büros macht es auch einen guten und verlässlichen Eindruck, wenn ein solches leistungsstarkes »Netzwerk« erkennbar ist.

Aktualität

Ideal ist es, mit dem Webdesigner einen Vertrag zur Pflege der Seiten zu schließen. Er bekommt dann, sobald eine Änderung nötig ist, diese zugemailt und sorgt dafür, dass sie richtig im Netz ankommt.

Um zu gewährleisten, dass der Internet-Auftritt jederzeit aktuell ist, kann auf den wichtigsten Seiten auch ein Content-Management- oder ein Redaktionssystem angelegt werden. Hierfür wird entsprechend dem Layout eine Eingabemaske erstellt, die dann auch von Laien mit Daten, Informationen und Bildern zu füllen ist. Dies ermöglicht es dem Verantwortlichen, Inhalte zu verändern, die dann sofort im Netz erscheinen können. Die Einrichtungskosten einer Seite erhöhen sich so erstmal deutlich, ein solches System hat aber den großen Vorteil, dass unabhängig vom Webdesigner schnell etwas geändert werden kann. Langfristig ammortisiert sich die Anschaffung, denn sie spart Zeit.

Wer sich zutraut, regelmäßig neue Themen zu platzieren, und die Zeit dafür einplant, kann auch mit einer »Aktuell«-Seite arbeiten. Dies setzt allerdings voraus, dass man das Wort auch wirklich ernst nimmt und in regelmäßigen Abständen Neuigkeiten zu vermelden hat. Nichts nervt die Besucher eines Internetauftritts mehr als veraltete Termine und Texte. Im Zweifelsfall lässt man die Neuigkeiten lieber weg.

Suchmaschinen

Für die Platzierung in den gängigen Suchmaschinen gibt es spezielle Dienste, am besten beauftragt man den Webdesigner mit der Koordination. Das manuelle Eintragen der URL bei einer großen Suchmaschine ist sinnvoll, so deckt z.B. Google neunzig Prozent aller Suchabfragen ab. Um zu gewährleisten, dass das Büro von den »richtigen« Interessenten gefunden wird, muss sich die eigene Positionierung auch in den Stichworten im Netz wiederfinden. Tauchen die wichtigen Schlagworte in den Headlines möglichst weit oben innerhalb des Textes der Homepage auf, verhilft das zu einem besseren, also vorderen Platz im Ranking der Suchmaschineneinträge. Metatagmaschinen suchen die verborgenen Suchbegriffe, die nicht auf der Seite im Text erscheinen. Es geht dabei nicht darum, dass möglichst viele User, sondern dass die richtigen, die sich z.B. für ökologisches Bauen in Niedersachsen interessieren, die Seite finden, deshalb ist eine umfangreiche Liste mit Suchbegriffen notwendig.

Plattformen

Eine kostengünstige Möglichkeit, im Internet mit einem standardisierten Büroprofil präsent zu sein, bieten verschiedene Architekturplattformen. Die meistens enthaltenen »Homepage-Editoren« erlauben es, das Büroprofil von jedem Computer aus zu bearbeiten, über das Internet, ohne jegliche Programmierkenntnisse und ohne Zusatzsoftware. Diese Möglichkeit kann und sollte man durchaus nutzen, wenn es zeitlich oder finanziell für einen eigenen Auftritt nicht reicht.

Die diversen Angebote variieren beträchtlich, was Faktoren wie Benutzerfreundlichkeit oder Ansprache betrifft. Sich auf gut Glück bei möglichst vielen Plattformen einzutragen, bringt also nicht unbedingt den gewünschten Effekt. Eine Auswahl gut gemachter Plattformen findet sich im Anhang. Das Angebot gerade im Internet ändert sich schnell, deshalb sollte man hier auf dem Laufenden bleiben.

E-Mail-Kommunikation

Die Kommunikation per E-Mail ist inzwischen selbstverständlicher Bestandteil der Gesamtkommunikation. Die Vorteile liegen klar auf der Hand: Sie ist unaufwändig, kostengünstig und schnell. Für das Knüpfen von Erstkontakten ist eine E-Mail nicht unbedingt geeignet. Sie ist aber beispielsweise in Kombination mit dem Telefon ein ideales Mittel für die Pressearbeit, die Kontaktpflege und den Austausch von aktuellen Informationen.

Die Nachteile der Kommunikation per E-Mail kennt inzwischen auch jeder: Spams, d.h. unerwünschte Werbemails und Viren, die über die Nachrichten eingeschleust werden. Einen gewissen Schutz bieten hier Filterprogramme des Providers, über dessen Server die Mails gehen. Notwendig ist aber zusätzlich ein Virencheckprogramm wie z.B. Norton Anti Virus, dessen Updates man sich über das Internet regelmäßig herunterladen sollte, um der immer neuen Viren Herr zu werden.

Die zahlreichen Mails unbekannter Herkunft, die jeder täglich erhält, erhöhen die Gefahr, dass die eigene oder die erwartete Mail übersehen wird. Deshalb kommt der Betreffzeile eine wichtige Filterfunktion zu. Unerwünschte Mails werden entweder von einem so genannten Spamfilter bzw. vom Adressaten ohne genaues Lesen herausgefiltert. Die Betreffzeile hat die Funktion einer Überschrift, sollte die wichtigste Information enthalten und im Idealfall nicht mehr als drei bis vier Worte umfassen. Das ist auch wichtig für die Archivierung. Wegen der genannten Unsicherheiten sollte man sich manchmal – so komisch es erscheinen mag – telefonisch vergewissern. Wenn man sicherstellen will oder muss, dass eine besonders wichtige Mail den Empfänger auch wirklich erreicht, oder der Adressat die eigene Adresse noch nicht kennt bzw. die Mail nicht erwartet, kann ein kurzer Anruf die Mail ergänzen.

Eine Kommunikationsregel besagt, dass man innerhalb desselben Tages auf eine Mail reagieren sollte, spätestens jedoch am Folgetag. Dies ist nicht anders als bei Anrufen, bei denen eine Nachricht hinterlassen wurde. Für den Fall, dass man selbst innerhalb dieser Zeit nicht in der Lage ist, eine Anfrage hinlänglich zu beantworten, sollte man trotzdem reagieren und seine ausführliche Antwort innerhalb eines bestimmten Zeitraums ankündigen. Dies ist natürlich nicht immer möglich, etwa wenn man mitten in einem Bauprojekt jeden Tag mit Dutzenden von Mails konfrontiert wird. Aber auch da gilt es, zumindest die für die eigene Kommunikation und Position wichtigen auszusieben und bevorzugt zu behandeln. Für den Fall einer längeren Abwesenheit kann man sicherstellen, dass ein anderer Mitarbeiter Zugriff auf den Mailaccount hat. Es gibt auch die Möglichkeit, dass die verwendete Mailsoftware automatisch dem Sender antwortet, dass der Empfänger die Mail zur Zeit nicht beantworten kann, da er bis zu einem bestimmten Zeitpunkt im Urlaub ist. Der Text kann selbst gestaltet werden.

Die Form

Die E-Mail stellt eine Mischform aus gesprochenem und geschriebenem Text dar. Der Ton richtet sich selbstverständlich nach dem Verhältnis zum Empfänger. Wenn dieser nicht oder nur flüchtig bekannt ist, sollten auf jeden Fall die Formalien des Briefes, wie förmliche Anrede, oder die Beachtung von Groß- und Kleinschreibung berücksichtigt werden. In allen anderen Fällen kann der Ton deutlich lockerer als im normalen Geschäftsbrief gewählt sein.

Neben der Einhaltung gewisser Standards bietet sich die Erstellung einer Vorlage an, die im unteren Teil eine Art Visitenkarte mit allen erforderlichen Daten (Name, Adresse, Telefonnummer, E-Mail) enthält. Der Adressat muss sich dann nicht mühsam die erforderlichen Daten immer wieder aufs Neue zusammensuchen. Eine »Visitenkarte« über das Mailprogramm als Datei anzuhängen empfiehlt sich nicht, weil diese Schwierigkeiten bei anderen Browsern verursachen kann. Die Vereinheitlichung der E-Mail-Adressen, zum Beispiel nach dem Schema »Vorname.Nachname@ihrbuero.de«, hat u.a. den Vorteil, dass sich Geschäftspartner auch mal schnell die Adresse ihres Ansprechpartners selbst zusammenreimen können.

In jedem Browser kann man auswählen, ob man seine gestalteten Mails nur in HTML verschicken will, eine Umwandlung in einfachen Text zulässt oder in beiden Formaten sendet. Man sollte die Umwandlung zulassen, denn viele Empfänger haben sonst Schwierigkeiten mit dem Öffnen oder sehen Sonderzeichen statt Umlaute.

Zu vermeiden

Es gilt als absolute Unsitte, Mailaccounts mit riesigen Datenmengen zu belegen und das Gegenüber durch lange Ladezeiten zu verärgern. Bilder oder sonstige Dateianhänge sollten so weit wie möglich verkleinert werden, das Maximum sind zwei bis drei MB pro E-Mail, aber auch nur nach Abstimmung. Ist dies aus den verschiedenen Gründen nicht möglich, kann man häufig auch eine CD versenden. Anhänge müssen in allgemein üblichen Formaten gespeichert sein – Textdateien am besten als pdf, weil Word-Dokumente wegen möglicher Virenübertragung eher unbeliebt sind, Bilder z.B. als jpg, gif oder bmp.

Eine weitere Quelle des Unmuts können Rundmails werden. Sie sind praktisch, beispielsweise für Einladungen. Sehr häufig bekommt man allerdings solche, in denen alle Adressaten offen zu sehen sind. Dies ist nicht nur aus Datenschutzgründen absolut zu vermeiden. Deshalb gilt bei Mails an mehrere Adressaten, diese an sich selbst zu verschicken und die anderen Adressen mit »Blind Copy« – BCC – anzumailen. So sehen die Empfänger nicht, an wen die Mail noch gerichtet war.

Geschäftsausstattung

Planung

1	Notwendigkeiten und Anforderungen festlegen
2	Erstellung der Druckmaterialien rechtzeitig und genau planen
3	Kapazitäten im Büro klären
4	vorher Kontaktangaben vereinheitlichen, z.B. Aufbau aller E-Mail-Adressen
5	Auflagenhöhe und Fertigstellungstermine festlegen, Druckabläufe abfragen

Zusammenarbeit mit dem Grafikbüro

1	Auswahl des Grafikers auf Empfehlung oder aufgrund früherer Arbeiten
2	Leistungsfähigkeit des Grafikbüros prüfen, klären, ob andere Aufträge dieses zu stark binden
3	ausführliches Gespräch führen: Ziele, Zweck und gestalterische Ansprüche
4	Konditionen vereinbaren, Anzahl der Entwürfe vertraglich festschreiben
5	stets mehrere Entwürfe vorlegen lassen
6	Papierproben einholen lassen
7	Auswahl der Druckerei gemeinsam treffen

Aufbau und Gestaltung

Logo

1	Signet einfach, aber prägnant
2	Schriftzug oder Wort-/Bildmarke
3	auf Fax- und Kopierfähigkeit achten

Visitenkarten

1	gängiges Format (85 mm x 54 mm) wählen wegen standardisierter Aufbewahrungsmappen
2	Papier mit mindestens 180 g/m^2 verwenden
3	Aufbau: Logo, Adresse, Tel./Fax, E-Mail und Name des Ansprechpartners
4	Hausschrift verwenden
5	unbedruckte Rückseite bietet Platz für Notizen

Briefbögen

1	Aufbau im Kopfbereich: Logo, Adresse, Tel./Fax, E-Mail
2	Aufbau im Fußbereich: Bankverbindung (Bankinstitut, Kontonummer, BLZ), Gerichtsstand (Name und Anschrift), Steuernummer
3	Hausschrift verwenden
4	mit Visitenkarten korrespondierende Papierqualität verwenden

Selbstdarstellung und Dokumentation

1	an das Corporate Design angepasst in Anmutung, Farben und Schriften
2	flexibles System wählen, das einfach und kostengünstig aktualisiert werden kann
3	Auflagenzahl abstimmen, um Überproduktion zu vermeiden
4	gemeinsam mit Grafiker aussagekräftige Bilder wählen
5	kurze, allgemein verständliche, gut lesbare Texte verfassen
6	auf einheitlichen Seitenaufbau und ausgewogenes Verhältnis von bedrucktem und unbedrucktem Papier achten
7	Zwischenergebnisse vom Grafiker zeigen lassen

Grundlegendes

1	professionellen Webdesigner beauftragen
2	Beispiele anderer Büros studieren, um Vorstellungen zu entwickeln
3	nachvollziehbare und einprägsame Internetadresse (URL) wählen
4	klären, ob Domain verfügbar ist
5	Reservierung der Domain zur Kostenersparnis über Webdesigner/Provider
6	an das Corporate Design in Anmutung, Farben und Schriften angepasste Gestaltung wählen
7	auf klare, übersichtliche Gestaltung und kurze Ladezeiten achten
8	keine aufwändig animierten Spielereien
9	nutzerfreundliche und schnelle Navigation
10	eindeutige, einprägsame, nachvollziehbare und einheitliche E-Mail-Adressen wählen
11	vor Online-Stellung alle Funktionen testen und Texte auf Fehler durchlesen
12	Website von Testpersonen prüfen lassen und auf verschiedenen Browsern ausprobieren

Zusammenarbeit mit dem Webdesigner

1	Leistungsfähigkeit des Designers prüfen, klären, ob andere Aufträge zeitliche Probleme bringen könnten
2	ausführliches Gespräch führen: Ziele, Zweck und gestalterische Ansprüche
3	Konditionen detailliert vereinbaren, Anzahl der Entwürfe etc. vertraglich festschreiben
4	Angebote für Content Management-, Redaktionssystem oder Hosting durch den Webdesigner mit anfragen
5	gelungene Internetauftritte gemeinsam anschauen
6	Fertigstellungstermin festlegen
7	Bildauswahl mit Designer gemeinsam treffen
8	Zwischenergebnisse zeigen lassen

Aufbau

1	übersichtliche Gestaltung
2	kompakter Inhalt
3	klassischer Aufbau mit den Menüpunkten: Profil – Leistungen – Projekte – Kontakt
4	kurze, informative Texte, die Notwendigkeit des Scrollens vermeiden
5	keine zu dunklen oder grellen Farben, auf Lesbarkeit achten
6	Bilder und Titelzeilen gezielt als Blickfänger einsetzen
7	Bereitstellung von ausführlicherem Informationsmaterial als pdf-Dateien
8	Einrichtung eines Pressebereichs mit Pressekontakt
9	gegebenenfalls Verlinkung zu Partner-Websites
10	Impressum einstellen (gesetzlich vorgeschrieben)

Präsenz und Akquisition

5

Wer sich nicht bemerkbar macht, wird leider auch nicht wahrgenommen. Gezielte Präsenz bei Veranstaltungen ist wichtig für den Aufbau von Kontakten. Ein guter Name, eine gewisse Reputation bei seiner Zielgruppe oder auch die Bekanntschaft mit einem, der wiederum einen anderen kennt, können nützlich sein. Die direkte Akquisition ist für Architekten hingegen ein schwierigeres Terrain, bietet aber auch einige Möglichkeiten.

Präsenz kann man auf unterschiedliche Arten zeigen. Aufwändig und mit Kosten verbunden sind stets die Aktivitäten, bei denen man selbst der Einladende ist. Sie sind aber häufig auch besonders effektiv, weil man sich seine Gästeliste selbst zusammenstellt. Die Alternative ist, Angebote wahrzunehmen, die von anderen organisiert wurden, ob Vorträge, Vernissagen oder Kulturveranstaltungen.

So lästig es manchmal ist, während oder nach der Arbeitszeit, derweil die Stapel sich auf dem Schreibtisch türmen, auf eine Vernissage zu gehen oder sich einen Vortrag anzuhören, es ist in vielen Fällen sinnvoll. Eigeninitiative ist der erste Schritt vom Warten auf Aufträge hin zur Möglichkeit, Impulse zu geben und damit seine Chancen auf dem Markt zu erhöhen. Damit solche Aktivitäten keine pure Zeitverschwendung sind, weil man den gesamten Abend ohne anregendes Gespräch verbracht hat, muss man sich selbst ein wenig motivieren und die Kontaktpflege als einen Teil der eigenen Aufgaben begreifen. Man sollte auch bei solchen Veranstaltungen authentisch sein und niemandem etwas vorzuspielen versuchen. Jeder hat Qualitäten und Interessen, die im Idealfall das Angenehme mit dem Nützlichen verbinden.

Wer präsent ist, hat den ersten Schritt getan, ein Beziehungsgeflecht entstehen zu lassen. Ein Gespräch ist nur ein Anfang. Den Faden anschließend aufzunehmen und in das Netz einzuspannen ist die nächste Aufgabe. Wer einen großen Kreis von Bekannten auf verschiedenen Ebenen hat, beweist damit kommunikative Fähigkeiten und guten Geschäftssinn.

Über einen solchen verfügen auch immer mehr Architekten, die als Projektentwickler in eigener Sache bauen. Dieses Geschäftsmodell wird in den nächsten Jahren sicher noch an Bedeutung gewinnen, bietet es doch neue Wege auf den Markt. Von der Grundstückssuche über die Finanzierung bis zur Vermarktung ist hier allerdings ein langer Weg zu gehen. Eine Kooperation mit erprobten Partnern kann die Belastungen im Rahmen halten.

Der Besuch von Veranstaltungen und Beziehungsarbeit ist natürlich am leichtesten im direkten Einzugsgebiet zu leisten. Gerade in Großstädten ist zwar die Architektendichte und damit auch die Zahl der Mitbewerber hoch, man sollte sich deshalb aber nicht resigniert zurückziehen. Es gibt in allen Berufen zuviele Vertreter ihres Standes, seien es Werber, Handwerker oder Apotheker.

Das eigene Umfeld täuscht. Viele Menschen haben keine Architekten in ihrem Bekanntenkreis und wüssten nicht, an wen sie sich wenden sollten, wenn sie die Dienste eines Architekten benötigen. Wo suchen potenzielle Auftraggeber, die sich nicht beruflich mit dem Bauen beschäftigen? Nur wenige nutzen Presseartikel oder studieren Bücher, doch es scheinen immer mehr zu werden. Auch über das Internet sind schon Kontakte generiert worden. Doch die meisten Aufträge werden in diesem Bereich über Beziehungen, Bekanntschaften und Empfehlungen vergeben. Das Wettbewerbswesen fängt nicht bei der Einladung zum Entwurf an, sondern vor der Haustür. Hat man dies verinnerlicht, geht man auch anders in Workshops hinein, auf das Verbandsfest oder zum Empfang des Bürgermeisters.

Eine permanente Aufmerksamkeit soll nicht dazu führen, dass man das Private und das Geschäftliche gar nicht mehr trennt. Aber als Freiberufler ist man eigentlich immer ein wenig »im Dienst«. Und bei passender Gelegenheit seine Tätigkeiten kurz zu erläutern ist keine Anbiederung. Glücklicherweise interessieren sich viele Menschen für den Beruf der Architekten. Man muss nur Lust haben, etwas von seiner Arbeit zu erzählen. Häufig werden Visitenkarten noch Monate oder Jahre später weitergereicht, wenn das Gespräch in ganz anderer Runde auf das Thema kommt. Für die tägliche Akquisition und Kontaktarbeit braucht man allerdings Fingerspitzengefühl und Einfühlungsvermögen. Wenn der freundlich Begrüßte schon beim ersten Sekt mit dem Leistungsbild des Büros konfrontiert wird, ist dies sicherlich kein guter Auftakt. Spricht man aber später beispielsweise kompetent über den Neubau der städtischen Oper, wird man in guter Erinnerung bleiben.

Nach einem anregenden Gespräch oder einer kurzen Vorstellung eine Einladung zu erhalten erfreut fast jeden, und die Gelegenheit, sie auszusprechen oder zu versenden, sollte man intensiv nutzen. Selbst wer bei einem Vortrag nicht dabei sein kann oder das Fest verpasst, hat registriert, dass ein solcher Auftritt stattfand. Deshalb sind sie der ideale Anlass für aufbauende und vertiefende Kontakte. Die nachstehenden Positionen sollen Anregungen sein, den passenden Wirkungskreis kann jedes Büro nur individuell für sich finden.

Verbände, Vereine und Initiativen

In Deutschland gibt es unzählige Verbände, Vereine und Organisationen, ob sie nun fachbezogene, regionale oder allgemeine Themen behandeln, wie Interessensverbände, regionale Sozialverbände, Kulturvereine, Wirtschaftsstammtische oder Sportclubs. Neben einer passiven Mitgliedschaft ebnet eine ehrenamtliche Tätigkeit häufig Wege, die sonst nicht begehbar wären.

Begleitend hierzu kann man sich in verschiedene Verzeichnisse und Datenbanken eintragen lassen, beispielsweise im *Who is Who in der Immobilienwirtschaft*, das auch für Architektur- und Ingenieurbüros offen steht.

Foren, Symposien und Kongresse

Eine gute Methode, die eigene Kompetenz zum Ausdruck zu bringen, Kontakte zu knüpfen und zu vertiefen und auch mal über seinen eigenen Tellerrand hinaus zu sehen, ist die aktive Teilnahme an Diskussionsveranstaltungen, Tagungen oder Planerforen. Viele rufen in einem »Call for Papers« zur Einreichung von eigenen Beiträgen auf. Die konzentrierte Beschäftigung mit den Inhalten, intensive Gespräche und die Möglichkeit zum sehr fachbezogenen Austausch führen nicht nur zur Erweiterung der eigenen Kenntnisse, sondern auch zu einem Zugewinn an kommunikativen Fähigkeiten. Mit einem Vortrag zum eigenen Fachgebiet oder einem besonderen Projekt stellt man sich als Ansprechpartner auch für zukünftige Veranstaltungen dar.

Dabei sollte jedoch genau geprüft werden, welche Anlässe wirklich nutzbringend sind, da sie viel Zeit in Anspruch nehmen. Sinnvoll ist es, Veranstaltungen zu wählen, die von Vertretern eigener Zielgruppen besucht werden, nicht »nur« von Kollegen.

Gut zu recherchieren sind Foren, Symposien und Kongresse im Internet. International tätig ist hier beispielsweise die Union Internationale des Architectes (UIA).

Architektur – Kultur

Das Thema »Architektur« findet in den letzten Jahren immer mehr den Zugang in die Kultur, und die Grenzen zur Kunst werden durchlässiger. Seien es eine Diskussionsreihe, Ausstellungen im Rahmen einer Biennale, Initiativen und Veranstaltungen, die den öffentlichen Raum mit Installationen und Aktionen thematisieren: gerade in größeren Städten gibt es zahlreiche Möglichkeiten, aktiv an der Gestaltung der Kulturlandschaft mitzuwirken.

Häufig sind diese Veranstaltungen im No- oder Low-Budget-Bereich angesiedelt. Sie regen aber durch die notwendige Kreativität und ungewöhnliche Darstellungsformen zum einen an, neue Wege zu gehen, zum anderen haben sie häufig eine enorme Resonanz und erschließen ganz neue Zielgruppen. Außerdem machen sie Freude und tragen somit auch zu einer positiven Stimmung im Büro bei.

Lehre und Forschung

Universitäten bieten seit jeher die Möglichkeit, sich mit interessanten Fachvorträgen zu profilieren. Hier finden sich längst nicht nur Studenten, sondern auch Architektur-Interessierte aus den unterschiedlichsten Berufsgruppen ein. Eine Lehrtätigkeit vermittelt auch immer noch Seriösität und Kompetenz.

Viele Architekten kombinieren eine Stelle als wissenschaftlicher Mitarbeiter mit der Selbstständigkeit. Dies bietet eine gewisse Sicherheit, ist aber auch mit einem hohen zeitlichen und organisatorischen Aufwand verbunden. Eine solche Konstellation macht nur Sinn, wenn es Büropartner gibt, die Zeit für Akquisition und Planung aufbringen können.

Architekturtage

Der »Tag der Architektur«, die immer weiter verbreiteten Architekturthemenwochen oder der »Tag des Denkmals« sind geeignete Anlässe, Kontakte zu knüpfen oder zu vertiefen. Eine persönliche Einladung ins Büro an einen ausgewählten Kreis kann mit einem echten »Mehrwert« verknüpft werden, z.B. einem Vortrag, Führungen, einem Gespräch mit in der Baukultur engagierten Politikern, Kulturverantwortlichen oder Vertretern aus der Wirtschaft. Für diese Gelegenheiten sollten eigene Konzepte erarbeitet werden.

5

Führungen

Baustellen und soeben fertig gestellte Gebäude üben eine große Anziehungskraft auf viele Menschen aus. Bietet sich die Möglichkeit, Führungen zu machen, sollte man diese intensiv nutzen und gezielt hierzu einladen. Vor Ort muss dann ein kompetenter Vertreter des Büros zugegen sein, der auch komplizierte Sachverhalte erklären kann und das Büro angemessen repräsentiert. Ein Mitarbeiter, der sich in der Sache nicht auskennt, hinterlässt einen schlechten Eindruck.

Büroveranstaltungen

Feste und Jubiläen, eine jährliche Sommerparty, ein Arbeitsfrühstück nach Bewältigung einer entscheidenden Bauetappe oder eine Landpartie mit Mitarbeitern und wichtigen Partnern sind Anlässe, informell zusammenzukommen. Eine Veranstaltung will langfristig geplant und gut vorbereitet sein, damit sie nicht in Stress und Hektik ausartet und im Büro eher als lästige Bürde empfunden wird. Am besten ist es, diese Aktivität schon frühzeitig in die Jahresplanung aufzunehmen, auch damit sie nicht in eine besonders planungsintensive Phase fällt. Das schönste Fest bekommt allerdings einen negativen Beigeschmack, wenn es nicht zur sonstigen Kommunikation des Büros passt und von den Mitarbeitern als aufgesetzt und der Stimmung im Büro nicht angemessen empfunden wird.

Ausstellungen

Ausstellungen sind eine gute Sache, und hat man die Gelegenheit, ein einzelnes Projekt oder das Bürorepertoire vorzustellen, sollte man sie ergreifen. Um das bestmögliche Ergebnis zu erzielen, ist eine genaue Festlegung der Ziele und eine detaillierte Planung, gegebenenfalls auch die Entwicklung ganz neuer Präsentationsformen notwendig. Oberstes Anliegen ist natürlich, über die Architektenschaft hinaus auch andere Zielgruppen zu erreichen.

In vielen Städten gibt es inzwischen Architekturgalerien. Das Ausstellen dort ist mit unterschiedlichen Kosten verbunden. Vor der Entscheidung für eine Galerie kann man das Vernissagenpublikum, den Katalog, die Besucherfluktuation und die Medienresonanz bei Ausstellungen von Kollegen prüfen und dann entscheiden, welcher Rahmen der richtige ist. Die Teilnahme an Gruppenschauen ist eine weitere Möglichkeit, gemeinsam mit Kollegen zu zeigen, was Architektur bewirken kann. Diese werden häufig von Institutionen initiiert, beispielsweise im Rahmen der Exportinitiative der Bundesarchitektenkammer. Wie alle Maßnahmen bringt eine Teilnahme aber nur dann etwas, wenn sie von eigener Öffentlichkeitsarbeit und Kontaktarbeit begleitet wird.

Schön ist eine Ausstellung am Ort des Wirkens. Hat man ein städtisches Gebäude saniert, ist es eventuell möglich, im Eingangsbereich oder einem geeigneten Raum die Baugeschichte zu dokumentieren. Mit der Vernissage gibt man auch seinen Bauherren eine gute Gelegenheit, sich darzustellen. Beschließt man, eine Ausstellung aufzuziehen, kann man versuchen, sich ein federführendes Bauunternehmen oder den Bauherrn bzw. Investor als Partner an Bord zu holen, damit diese Teile der Organisation übernehmen und auch die Risiken mittragen. Gemeinsame Einladungen erhöhen die Chance, eine interessante Besuchermischung zu bekommen.

Fachpresse, überregionale Medien und Lokalmedien sind die Adressaten der begleitenden Pressearbeit. Selbstverständlich ist hierbei eine Abstimmung mit den jeweiligen Bauherren.

Direkte Akquisition

Alle Kommunikationsmaßnahmen dienen übergeordnet auch der Akquisition. Jeder Presseartikel, die Broschüre oder auch der Eindruck, den das Logo vermittelt, unterstützen diese Arbeit. Die direkte Akquisition bedeutet aber einen weiteren arbeitsintensiven Schritt, der mit der Ermittlung des möglichen Bedarfs beginnt. Hier kann es regionale Arbeitsfelder oder spezialisierte Bereiche geben. Wichtig ist, sich erst einmal auf ein überschaubares Feld zu konzentrieren und auf diesem fundierte Kenntnisse der Lage und Bedürfnisse zu erwerben. Das persönliche Kennenlernen bei gesellschaftlichen Anlässen wurde schon angesprochen. Sehr direkte Methoden der Ansprache sind vor allem Akquisitionsschreiben und Messebesuche. Sie sind ohne Umschweife zielgerichtet auf einen möglichen Auftrag und werden auch von beiden Seiten so verstanden.

Akquisitionsschreiben

Einfache und breit gestreute Mailings, die das Büro anpreisen, sind nicht zu empfehlen, weil sie keine Anknüpfungspunkte für die Adressaten bieten können. Um Firmen professionell anzusprechen, ist eine umfassende Marktbeobachtung erforderlich. Dem vorher erfragten Ansprechpartner muss von Anfang an Kenntnis von den Geschäftsfeldern und Planungen des Unternehmens vermittelt werden.

Gezielte Anschreiben an ausgewählte Personen, die wichtige Entscheidungen über Baumaßnahmen treffen, können Interesse wecken, wenn man eine Verbindung zur eigenen Arbeit knüpfen kann, ob regional oder durch Spezialkenntnisse wie Museums- oder Krankenhausbau. Idealerweise wird ein solches Schreiben mit einer Einladung zu einem Fachvortrag oder einer Ausstellung als Möglichkeit des persönlichen Kennenlernens verbunden.

Hat man ein Schreiben herausgeschickt, macht es wenig Sinn, auf den Auftragsanruf zu warten. In einem angemessenen Abstand von einigen Wochen ist es angebracht, den Adressaten anzurufen und dabei anzubieten, ein persönliches Gespräch zu vereinbaren. Spürt man hierzu nicht gleich eine Bereitschaft, ist von Überredungsversuchen und dem Anpreisen seiner Leistungen abzuraten. Ein höflicher Dank für das Telefonat ist der richtige Rückzug und verbaut keine späteren Gelegenheiten. Gibt es beispielsweise in der Nachfolge die Möglichkeit, die Ansprechpartner auf einer Messe anzutreffen, kann der Versuch gemacht werden, die Beziehung persönlich zu vertiefen. Ein frühzeitiger Anruf im Sekretariat macht klar, ob hierzu Bereitschaft besteht.

Es gibt auch die Möglichkeit, sich aus der Position des auf Aufträge Wartenden zu befreien, eigene Projektideen zu entwickeln und mit einem konkreten Planungsvorschlag an eine Projektentwicklungsgesellschaft heranzutreten.

»Viele Architekten wissen kaum, wie sie erfolgreich Kunden akquirieren können. Sie denken häufig, dass sie mit einer schönen Broschüre, am besten einem dicken Buch, die beste Öffentlichkeitsarbeit machen. Das ist völlig falsch. Der Architekt sollte auf den Bauherrn und Auftraggeber zugehen und diesem Projekte liefern. An uns treten viele Büros permanent mit den unterschiedlichsten Projektideen heran, auch wenn diese häufig nicht umgesetzt werden.«
Prof. Dr. Stephan Bone-Winkel
Geschäftsführung BEOS Projektentwicklung

Fast die Hälfte der Architektur- und Ingenieurbüros bleibt im Wirkungskreis regional beschränkt, das Erbringen von Architektenleistungen im Ausland ist eine große Ausnahme. Der Planungsexport aus Deutschland war verglichen mit Ländern wie England, Frankreich oder den Niederlanden schon immer sehr niedrig. In der letzten Zeit hat sich hier aber einiges getan, so dass der Export langfristig wahrscheinlich steigen wird. Die Kammern und Verbände sind mittlerweile verstärkt in diesem Bereich aktiv und versuchen, mit gezielten Initiativen die deutsche Architektur im Ausland zu kommunizieren. Beim Architekturexport sind viele Dinge zu beachten, hierzu gehören der generelle Bedarf an Planungsleistungen, Verordnungen, Gesetze und berufsständische Vorschriften. So sollte das Studieren von Ratgebern und das Einholen von Erfahrungsberichten auf jeden Fall der erste Schritt sein (siehe Anhang).

Es ist ein schwieriges Unterfangen, seine Leistungen im Ausland anzubieten. Ohne einen Partner vor Ort wird dies auf keinen Fall gelingen. Schon deshalb kann die weiter oben erwähnte Teilnahme an internationalen Kongressen sinnvoll sein, weil man dort potenzielle Partner kennen lernen kann.

Einige wichtige Fragen, die man vor einem Auslandsengagement prüfen und diskutieren sollte, sind:

- Welche Leistungen und Spezialisierungen könnten im Ausland erfolgreich sein?
- In welchen Ländern oder Wirtschaftsräumen ist ein Engagement sinnvoll?
- Ist das Büro wirtschaftlich in der Lage, langwierige Akquisitionsmaßnahmen effektiv durchzuführen?
- Haben Büroinhaber und Mitarbeiter Lust, sich auf völlig andere Arbeitsbedingungen einzulassen und sich mit den auftretenden kulturellen Unterschieden auseinander zu setzen?
- Ist man bereit, den erhöhten Aufwand und meist niedrigere Honorare zu tragen?
- Gibt es Mitarbeiter, die aufgrund von Sprach- oder Länderkenntnissen für einen Auslandseinsatz geeignet sind?
- Könnte man schon für die Akquisition mit deutschen oder ausländischen Partnerbüros zusammenarbeiten?

Im Ausland realisierte Projekte bringen sicherlich einen Imagezuwachs, aber – so sagen es derzeitige Erfahrungsberichte – nicht unbedingt finanziellen Gewinn. Jedes Büro muss sich ernsthaft überlegen, ob eine solche Aktivität, die Kräfte aus dem Alltagsgeschäft und der Akquisition vor Ort abzieht, der richtige Weg ist.

Jede Messe, ob im In- oder Ausland, kann nur so gut sein wie die Kontaktarbeit, die man selbst betreibt. Bei entsprechendem Engagement kann auch eine Messe ein guter Ort für Akquisitionen sein. Die intensive Vorbereitung, die Konzentration auf eigene Ziele während der Messetage und die Qualität der Gespräche, die man führt, sind die wichtigsten Erfolgsfaktoren.

»Aus langjähriger Erfahrung weiß ich, dass viele Menschen dazu neigen, auf Messen zu gehen, ohne sich vorher im Klaren zu sein, was sie erreichen möchten. Ohne Vorplanung macht ein Messebesuch aber keinen Sinn. Man sollte sorgfältig die Pros und Contras eines solchen Besuchs abwägen. Zu den Argumenten gegen einen Messeauftritt gehören schlichtweg die Fragen rund um das Budget. Der zeitliche Aspekt ist ebenfalls abzuwägen. Man kann viel Zeit für Messen verwenden, bei denen man sich den Aufwand und das Geld hätte sparen können. Leider ist das Angebot breit gefächert und kann sich als verwirrend darstellen. Hier sollte man in seiner Auswahl sehr vorsichtig sein und sich vielleicht nur auf ein bis zwei Anlässe im Jahr beschränken, die aber dafür gut planen und mit vollem Einsatz angehen.«
Sabrina Eilers-Ueker
HOK INTERNATIONAL LIMITED

Ein grundsätzliches Problem, mit dem sich Architekten auseinander setzen müssen, ist die Tatsache, dass sie nicht mit einem fertigen Produkt in den Händen zu einer solchen Leistungsschau fahren können. Planer geben mit ihrem bisher Geleisteten ein Versprechen ab, können aber nicht im klassischen Sinn etwas verkaufen. So bleiben nur die Hilfsmittel wie Broschüren, Faltblätter und Bücher. Diese dienen aber auch nur der Unterstützung des eigentlichen Ziels einer Messe: dem direkten Knüpfen von Kontakten, der Kommunikation der eigenen Fähigkeiten und der Darstellung der eigenen Persönlichkeit. Grundsätzlich sind spezialisierte Büros hier im Vorteil. Wenn man bereits Krankenhäuser oder Fertigungsanlagen gebaut hat, sind diese das »Produkt«.

Für Architekten gibt es drei Sparten von Messen, die für einen Auftritt oder Besuch interessant sein können: Immobilienmessen, Fachmessen und Baumessen.

Immobilienmessen

Ob die »Expo Real« in München, die »MIPIM« in Cannes oder auch die »NEPIX/North European property and investment exhibition« in Kopenhagen, Immobilienmessen verursachen in Architektenkreisen meist zwiespältige Gefühle. Einerseits verspüren viele den Druck, dabei zu sein, andererseits wissen sie aber nicht, wie eine Präsenz dort zu einem nachhaltigen Erfolg führt. Wie bei allen anderen Maßnahmen auch, hängt dies von der Größe und Ausrichtung des Büros sowie den kommunikativen Fähigkeiten seiner Vertreter ab.

Große Büros investieren in diese Gelegenheiten und buchen Stände, um sich zu präsentieren. Sie sind häufig schon Auftragnehmer von Immobilienunternehmen und Projektentwicklungsgesellschaften, so dass ein angemessener Auftritt dort auch erwartet wird. Die Messe dient für die Bürovertreter vor Ort weniger der Neuvorstellung als vielmehr der Kundenpflege. Der Auftritt bietet den Vorteil gezielter Kontakte und der Auffrischung von Beziehungen.

Hat man noch gar keine Beziehungen und Aufträge im Bereich des Investoren- und Immobilienmarkts, ist es schwer, hier einen Fuß in die Tür zu bekommen. Wer sich zum Buchen eines Messestands entschließt, sollte sich gut überlegen, ob die erwarteten und gewünschten Ergebnisse mit dem eigenen Büroprofil vereinbar sind, und den Auftritt sehr gut planen. Hilfreich ist es, die Messe schon von eigenen Besuchen zu kennen. Die Stände der Architekten werden beispielsweise oft von der Messeleitung gemeinsam in einer Halle platziert. Hartnäckige Menschen schaffen es allerdings immer wieder, mit ihrem Büro an einem Ort zu stehen, der mehr Anbahnungsmöglichkeiten bietet.

Fachmessen
Neben den großen Immobilienmessen gibt es eine ganze Reihe von Fachmessen, von der »denkmal« in Leipzig, der »Health Care« in Nürnberg, bis zur »Arab Health« in Dubai. Für manche Büros kann es lohnenswerter sein, sich hier mit Fachleuten über seine Spezialgebiete auszutauschen.

Baumessen
Baumessen wie die »Bautec« in Berlin haben ein umfangreiches Begleitprogramm. Bei Diskussionen und auf Foren erhalten auch Architekten die Möglichkeit, ihre Meinungen und Kenntnisse zu vermitteln.

Auf den Internetseiten der großen Messeorganisationen und -verbände lassen sich alle Messen weltweit recherchieren. Sie bieten auch gute Anleitungen für die Vorbereitung eines Messeauftritts (siehe Anhang).

In den letzten Jahren gab es immer wieder Ansätze, Architekturmessen ins Leben zu rufen. Architekten sollen sich hier mit ihren Leistungen präsentieren. Fraglich ist, ob ein solches Konzept nutzbringend ist. Es ist schwer vorstellbar, dass potenzielle Bauherren diese Messe besuchen werden, da es genügend andere Möglichkeiten gibt, gezielt und nicht in einer größeren Menschenmenge einen passenden Architekten zu suchen.

Vorbereitung einer Messe

Ob man einen Stand anmietet oder nur als Besucher vor Ort ist, Recherche tut Not. Die Messekataloge kommen häufig erst kurz vor der Veranstaltung heraus, aber die Aussteller sind zu großen Teilen jedes Jahr dieselben. Zur Planung kann deshalb auch ein Exemplar aus dem vorherigen Jahr nützlich sein, ergänzt durch eine aktuelle Internetrecherche. Um nicht vor Ort mit seinen Mappen zu stehen, ohne zu wissen, wen man ansprechen will, ist das Studium des Katalogs schon lange vor der Messe absolut erforderlich.

»Messen dienen dazu, sich über den jeweiligen Markt (national, international) zu informieren und Überblick darüber zu gewinnen, wer die key players sind. Sie bieten den Vorteil, dass man viele Firmen auf einen Blick vor Ort hat. Messebesuche sind nützlich, um Stimmungen einzufangen, die die Veränderungen in den Märkten signalisieren, und dienen auch als Informationsplattformen, bei denen man Know-How austauscht und Informationen sammelt. Nichtsdestotrotz ist der Aspekt des ›Socializing‹ der wesentlichste Bestandteil, um Kunden zu gewinnen oder an sich zu binden.«
Sabrina Eilers-Ueker
HOK INTERNATIONAL LIMITED

Aus dem Ausstellerverzeichnis sucht man sich eine Reihe von interessanten Unternehmen heraus, nach regionalen oder thematischen Schwerpunkten. Die Firmenvertreter erst auf der Messe anzusprechen, ist wenig sinnvoll, denn sie haben sich ihre Kalender schon lange vor dem ersten Tag mit Terminen bestückt. So ist eine erste Kontaktaufnahme schon vorher ratsam. Am besten ist es, in einem knappen und präzisen Schreiben sein Büro vorzustellen und direkt einen Termin auf der Messe vorzuschlagen. Im Idealfall schafft man es so, im Vorfeld schon die wichtigsten Ansprechpartner auf sich aufmerksam zu machen. Kommt ein Gespräch zustande, ist ein fundiertes Marktwissen essentiell wichtig. Die Messe ist ein Treffen von Fachleuten, und auch von einem Architekten werden in dieser Hinsicht Kenntnisse erwartet.

Jede Messe wird von Fachkonferenzen begleitet, deren Themen man schon lange im Voraus über die Messeleitung erfahren kann. Ist man ein ausgewiesener Experte für ein Thema aus dem kommenden Schwerpunkt, sollte man sich den zuständigen Messemitarbeitern vorstellen und sein Interesse bekunden, mit seinem Fachwissen an einem Panel oder einer Vortragsrunde teilzunehmen.

Direkt nach der Messe beginnt die Nachbereitung, interessante Gesprächspartner werden mit einem Dank noch einmal angeschrieben. Alle Adressen finden ihren Weg in die Datenbank und werden zukünftig in die Einladungslisten integriert.

Planung und Konzeption einer Veranstaltung – Ausstellung mit Vernissage und Vortrag

Grundlegendes

1	Ziele klären: eher allgemeine Vorstellung des Büros oder Präsentation eines Projekts oder Fachgebiets?
2	Zielgruppe definieren – Fachbesucher oder breiteres Publikum?
3	Räumlichkeiten festlegen – Ort abhängig von der Zielgruppe
4	Termine festlegen – nicht parallel zu konkurrierenden Veranstaltungen (Recherche!)
5	Überlegung, ob begleitende Publikation sinnvoll (Möglichkeiten des Absatzes?)
6	Budget erstellen
7	Finanzierung klären, eventuell Partner suchen
8	Zeitplan für Logistik, Einladungsversand etc. erstellen und Aufgaben im Team festlegen

Konzeption der Ausstellung

9	Festlegung der zu erreichenden Ziele
10	Genaue Definition der Inhalte – Ausstellungskonzept
11	Liste der Exponate und Pläne erstellen

Planung der Vernissage mit Vortrag

12	Festlegung der zu erreichenden Ziele
13	Geschätzte Personenzahl festlegen
14	Redner für Eröffnung, Grußworte und Vorträge bestimmen
15	Gastredner einladen
16	Catering (mit Servicepersonal) organisieren
17	Einladungen und Flyer drucken und verteilen
18	Einladungen vier Wochen vorher verschicken, bei wichtigen Personen zwei Tage vorher telefonisch nachhaken

Organisatorische Planung im Vorfeld

19	Transporte der Exponate planen
20	technische Ausstattung organisieren, Kompatibilität vor Ort sowie Funktionstüchtigkeit und Bedienungsweise prüfen
21	Versicherungen abschließen: Veranstaltungshaftpflicht, Diebstahl, Transport
22	Reinigungsfirma beauftragen

Optimierung des Kommunikationsplans durch PR-Maßnahmen

23	Pressetext schreiben und rechtzeitig versenden (siehe Kapitel »Pressearbeit«)
24	Einladung und Flyer entwerfen, rechtzeitig versenden und verteilen
25	Informationsmaterial für Pressevertreter zusammenstellen und vervielfältigen
26	Fotografen für Dokumentation der Ausstellung buchen
27	Informationen zur Ausstellung auf Website stellen, sobald Material vorhanden ist
28	Dokumentation der Veranstaltung erstellen

Reibungsloser Ablauf der Eröffnungsveranstaltung

31	bereits im Vorfeld perfekte Rahmenbedingungen schaffen, d.h. überprüfen, ob Ausstellungsaufbau ordnungsgemäß erledigt ist, ob Räume sauber sind, ob Verantwortliche für Technik vor Ort sind, ob das Catering geliefert wurde, Wegweiser zum Veranstaltungsort aufstellen
32	Pressetisch einrichten, auf dem Materialien für die Journalisten sowie sonstiges Infomaterial und Publikationen ausliegen
33	Ansprechpartner des Büros mit Namensschildern versehen
34	Gäste freundlich betreuen und für Nachfragen zur Verfügung stehen

Maßnahmen während der laufenden Veranstaltung und zum Veranstaltungsende

35	stets kompetenten Ansprechpartner vor Ort haben
36	Presselisten auswerten, Verteiler ergänzen
37	gewünschtes Informationsmaterial versenden
38	Resonanz auf Veranstaltung prüfen und Pressespiegel erstellen
39	nach Ende der Veranstaltung geliehene Technik und Mobiliar auf evtl. Schäden überprüfen, Zählerstände notieren und an Anbieter zurückgeben
40	interne Auswertung zu positiven und negativen Erfahrungen machen

Der nachfolgende Ablauf ist bis auf die konkrete Standplanung auch für einen Messebesuch anzuwenden.

Recherche und Analyse (ein Jahr im voraus)

1	Analyse der geeigneten »Produkte« und Spezialisierungen für einen Messeauftritt
2	Recherche aller in Frage kommenden Messen
3	Sammeln von Informationen über Aussteller, Referenten, Besucher
4	Entscheidung für relevante Messe(n)
5	Definition der Ziele des Messeauftritts – Ausweiten der Präsenz im Berufsfeld – Präsentation aktueller und zukünftiger Projekte – Pflege bestehender Kontakte – Knüpfen neuer Kontakte – direkte Ansprache potenzieller Bauherren – Sammeln von Informationen zu Produkten und Trends
6	Prüfung, ob Messebesuch mit Geschäftsreise oder weiteren Aktivitäten vor Ort zu verbinden ist

Vorplanung (sechs bis neun Monate im Voraus)

1	Festlegung des Messeteams für Vorbereitung und Präsenz
2	Detaillierte Konzeption des Messestands
3	Anforderung eines Hallenplans und Festlegung der Platzierung
4	Erstellen einer detaillierten Finanzplanung
5	Basiskosten wie Standmiete, Anmeldung, Energieverbrauch
6	Kosten für Standaufbau und -gestaltung
7	Produktionskosten von Werbe- und Informationsmaterial
8	Transportkosten inklusive Verpackung und Versicherung
9	Reisekosten
10	ggf. Kosten für sonstige Serviceleistungen (Catering, Personal)
11	rechtzeitige Anmeldung
12	Eintragung in das Ausstellerhandbuch
13	Reisevorbereitungen (Hotel, Flüge)

5

Checklisten

Kommunikationsplanung (sechs bis vier Monate im Voraus)

1	Entwicklung einer konkreten Kommunikationsstrategie mit Auswahl möglicher Kontakte, Erstellung von Materialien
2	Prüfung, ob aktive Teilnahme am Rahmenprogramm möglich (Vorträge, Panels etc.)
3	Aktualisieren von Informationsmaterial in geeigneter Auflagenzahl
4	Auswahl interessanter Unternehmen für Kontaktaufnahme, Terminvereinbarungen
5	Verschicken von Einladungen
6	Intensive inhaltliche Vorbereitung auf Gespräche
7	Schulung und Motivation der Mitarbeiter, die vor Ort sein werden
8	Zwei Wochen vorher noch mal Termine bestätigen

Praktische Vorbereitung

1	Standbauer beauftragen
2	Ausstattung in Auftrag geben, für Telefonanschlüsse etc. sorgen

Vor Ort

1	Überwachen/Kontrollieren des Standaufbaus
2	Registrierung des Stands
3	Verfolgen des Messegeschehens
4	Analyse des Besucherpublikums
5	Vergleichen des Auftretens von Mitbewerbern
6	Kontaktaufnahme mit potenziellen Auftraggebern oder Partnern
7	Festhalten der Kontakte in einem kurzen Protokoll

Auswertung

1	Anfragen beantworten
2	Aufnahme neuer Kontakte in Datenbank und Verteiler
3	Auffrischen neuer Kontakte durch Anruf oder Anschreiben
4	Erstellen einer Kostenanalyse
5	Erfüllung der gesetzten Ziele überprüfen
6	interne Präsentation der Eindrücke und Ergebnisse
7	Ableiten weiterer Verhaltens- und Handlungsstrategien

Im Dialog

Bei jedem Gespräch mit Bauherren und anderen am Projekt Beteiligten oder auch bei einem Vortrag findet der Austausch auf zwei Ebenen statt: Zum einen wird wahrgenommen, was man sagt, zum anderen bewusst und unbewusst registriert, wie man es sagt.

Die Art, wie man einen Sachverhalt mitteilt, wird durch die eigenen Gefühle, Erwartungen und Einstellungen stark beeinflusst. Geht das Gegenüber positiv an eine Sache heran, ist man selbst offen und gut gestimmt. Gesprächspartner oder Vortragende, die keine Lust haben oder sich überfordert fühlen, strahlen dies ebenso aus. Auch wenn die Sachebene stimmt, überträgt sich die Haltung, und Inhalte werden eher kritisch wahrgenommen.

Viele Menschen sind sich nicht bewusst, wie sehr sie ihre inneren Einstellungen in Prozesse einfließen lassen, auf andere projizieren und damit entsprechende Reaktionen hervorrufen. Verstärkt macht sich dies bemerkbar, wenn die Grundhaltung negativ ist. Unangenehme Erfahrungen führen zu einer Abwehrhaltung, zur Erwartung weiterer negativer Erlebnisse und Aggressivität. In Sprache und Körperhaltung wird genau dies unbewusst vermittelt. Die Folge ist eine ebensolche Haltung auf der anderen Seite, die dazu führen kann, dass das Gespräch ein ganz anderes Ergebnis bekommt, als es die Sachebene zuließe.

Es ist einen Versuch wert, den Kopf vor einem Gespräch oder einer Veranstaltung von schlechten Assoziationen zu befreien. Schafft man es, diese auszublenden, strahlt man auch Positives aus, die Chance, etwas Angenehmes zu erleben und gute Ergebnisse zu erzielen, steigt. Sicherlich ist es schwierig, im täglichen Stress immer eine positive Haltung zu bewahren. Negative Nachrichten, die Zwänge des Bauens und der tägliche Kampf um Aufträge können einem schon schlechte Laune bereiten. In einer solchen Stimmung sieht man jedoch Chancen nicht mehr, der Blick in die Zukunft ist verbaut. So schwer es fällt, man muss versuchen, sich aus diesem Zustand zu befreien. Durch die Auseinandersetzung mit dem eigenen Profil ist der erste Schritt getan, die Entwicklung des Büros nicht dem Zufall zu überlassen. Daraus kann man auch die Motivation ziehen, die man für das offene Herangehen an neue Aufgaben braucht. Eine realistische Positionierung ist dabei wichtig, selbstkritisch, aber auch nicht zu pessimistisch. Negative Selbsteinschätzung hemmt und lähmt. Wie soll man sich schließlich optimistisch nach außen präsentieren, wenn man selbst nicht davon überzeugt ist?

»Man hat niemals eine zweite Chance für einen ersten Eindruck«, sagte der schon einmal zitierte Paul Watzlawick. Das Auftreten ist ein wichtiger Faktor in der gesellschaftlichen Akzeptanz. Auch wenn viele Menschen bei sich selbst nicht unbedingt Wert auf Manieren und Freundlichkeit legen, ist dies kein Maßstab. Von Mitarbeitern großer Unternehmen werden – gerade in den oberen Etagen – neben den fachlichen Fähigkeiten vor allem »Soft Skills« erwartet, d.h. Teamgeist, Kommunikationsfähigkeit, Verbindlichkeit und Engagement. Auch Freiberufler tun gut daran, diese Eigenschaften zu den eigenen zu machen, denn sie sind die Schmiere im großen Räderwerk des Bauprozesses. Werden diese positiven Verhaltensweisen auch häufig nicht bewusst anerkannt, so mindern sie doch das Risiko des Zusammenstoßes und zwingen vielleicht auch unangenehme Zeitgenossen, sich mehr zurückzuhalten, als sie es sonst täten.

Bekommt man die Möglichkeit, durch aktive Akquisition oder die erfolgreiche Teilnahme an einem Verfahren Ideen und damit auch sein Büro präsentieren zu können, ist eine kurze Phase der Besinnung hilfreich. Konzentration auf das Wesentliche und eine für sich formulierte Zielvorgabe erden, sorgen für eine deutliche Sprache und eine klare Aussage. Über das eigene Auftreten gegenüber dem Bauherrn sollte man sich intensiv Gedanken machen und sich dabei in die Rolle des Bauherrn versetzen: Was erwartet er von dem Entwurf? Welchen Nutzen wird er aus den vorgetragenen Ideen ziehen? Entsprechen sie den artikulierten oder vermuteten Anforderungen?

»Uns ist es wichtig, dass die Architekten zuhören können und offen für Ideen sind. Architekten sollten in der Lage sein, aus Nutzersicht zu denken. Sie müssen sich vorstellen können, welche Bedürfnisse und Ansprüche der Büronutzer am Schreibtisch oder der Mieter in seiner Wohnung hat. Die Wünsche des Betrachters der Fassade sollten sekundär sein. Eine große Kundennähe ist unabdingbar. Denn der spätere Nutzer ist der Kunde des Architekten – nicht der Bauherr und Auftraggeber.«
Prof. Dr. Stephan Bone-Winkel
Geschäftsführung BEOS Projektentwicklung

Der Ruf, kreativ zu sein, weckt im Geschäftsleben, gerade wenn es um viel Geld geht, leider oft negative Assoziationen. Besonders für Bauherren aus dem Investorenbereich ist die architektonische Qualität nur selten das erste Verkaufsargument. Architekten stehen wegen der Regelungen der HOAI im Verdacht, kein Interesse am Kostensparen zu haben. Deshalb sollte man in seiner Präsentation auch schon auf die möglichen Kosten und Terminnotwendigkeiten eingehen. Gut ist ein Auftreten als Zweiergespann von Partnern oder Büroleiter/Mitarbeiter, die die verschiedenen Parts von Entwurf und Abwicklung glaubwürdig verkörpern.

Vor allem Bauherren, die nur einmal oder selten bauen, brauchen eine starke entwurfliche Position des Architekten. Mehrere Varianten einer Idee, die noch nicht vertiefend ausgearbeitet sind, können den Eindruck erwecken, der Architekt sei sich unsicher und wüsste selbst nicht, welches der beste Entwurf ist. Der Architekt wiederum wundert sich, warum auf dieses Entgegenkommen und Angebot, gemeinsam die beste Ausgangsbasis zu finden, eher mit Unmut und Unsicherheit reagiert wird. Einfacher ist es auf jeden Fall, einen Entwurf so überzeugend zu kommunizieren, dass sich im Idealfall weitere Varianten erübrigen. Dem Bauherrn kann und sollte man auch das eigene Aufgabenfeld einmal detailliert erläutern, um ihm die Komplexität der Aufgaben und die Verzahnungen und Abhängigkeiten zu verdeutlichen.

»Von einem Architekten erwarte ich, dass er kreativ ist, dabei aber nicht den Sinn für die Realität und den praktischen Nutzungszweck des Objektes verliert. Der Architekt sollte offen für die Ideen des Bauherrn sein, auf diese eingehen und bestmöglich gemeinsam mit dem Bauherrn umsetzen.«
Dipl.-Ing. Max Aicher
Max Aicher GmbH & Co. KG, Unternehmensgruppe Bau Immobilien Stahl Umwelt (u.a. Bauherr eines Parkhauses in München-Riem, geplant durch Hild und K Architekten)

Eine Schwierigkeit der Architektur ist, dass das, was man verkauft, erst nach einem langen Prozess zu sehen ist. In der Präsentation von ersten Ideen ebenso wie im späteren Verlauf sollte man als Architekt der Tatsache Rechnung tragen, dass für andere die erstellten Pläne nicht so leicht lesbar sind. Derjenige, der das Produkt kaufen soll, versteht meist nur annähernd, wie komplex dieser Vorgang ist. Man sollte ihm die Erfassung so leicht wie möglich machen, z.B. mit einem kleinen Modell. Der Kunde hat sonst vielleicht Probleme, das Gesagte nachzuvollziehen. Zu wenig ergänzende Informationen verunsichern denjenigen, der sich anhand einiger Zeichnungen und Grundrisse, die er nicht lesen kann, für eine große Investition entscheiden muss.

Dieser unterschiedliche Wissensstand begründet auch den Wunsch nach immer detaillierteren Computer-Visualisierungen. Vor allem Auftraggeber, die wiederum Investoren für ein Projekt suchen, haben diese Entwicklung herbeigeführt. Der Kunde will die Menschen mit ihren Aktentaschen schon durch das Gebäude spurten sehen, bevor der Entwurf überhaupt ansatzweise abgestimmt ist. Dieses Vorgehen birgt allerdings eine große Gefahr, denn so ist der Architekt im Folgenden schon sehr festgelegt. Das Bild in den Köpfen der Bauherren und der Kunden der Investoren ist geschaffen, es kann nur durch harte Arbeit und intensive Auseinandersetzung umgeworfen werden. Die Erwartungen sind so hoch, dass jede Schwierigkeit im Bauablauf auch am erwarteten Produkt rüttelt. Hier sollte man versuchen, einen Kompromiss zu finden.

Kommt es nach einer erfolgreichen Präsentation zu Vertragsgesprächen, ist es angebracht, dass man die Leistungen im Prozess nicht nur auf der Architektenseite klar definiert. Was sind die Aufgaben des Bauherrn? Auch diese kann man festhalten und damit gegebenenfalls Unklarheiten und Missverständnisse vermeiden. Mit einer solchen Formulierung bietet man dem Bauherrn eine Unterstützung an. Die detaillierte Projektbeschreibung im Vorfeld sollte man als wichtigen Teil des Planungsprozesses begreifen. Hier werden die Grundsteine für die weitere Arbeit gelegt.

»Wir sind davon überzeugt, dass ein gutes Projekt zwingend eine gute Zusammenarbeit zwischen Bauherrn und Architekten erfordert. Es gibt nur wenige positive Projekte, die nur vom Architekten oder Bauherrn allein betreut worden sind.«
Prof. Dr. Stephan Bone-Winkel
Geschäftsführung BEOS Projektentwicklung

Heutzutage sind die Ansprechpartner im Bauprozess meist Vertreter einer Bauabteilung oder einer für das Projekt zusammengestellten Arbeitsgruppe. Den individuellen Bauherrn, der nach einem konstruktiven Gespräch mit dem Architekten eine grundsätzliche Entscheidung fällt, gibt es kaum. Weitaus eher sitzt der Architekt bei größeren Projekten auch in großen Runden mit vielen Beteiligten, die alle völlig unterschiedliche Interessen an den Besprechungstisch geführt haben. Nicht selten haben auch die Vertreter der Banken oder Projektsteuerung ursprünglich Architektur studiert, so dass eine klare Kompetenzabgrenzung schwer möglich ist. Hinzu kommen die finanziell unterschiedlichen Interessen, der Architekt will einen Entwurf nach seinen Vorstellungen umsetzen, der Projektentwickler möglichst viel Geld aus dem Prozess herausziehen, und der Investor sieht vor allem die Marketingebene.

»Ich habe gute Erfahrungen im Umgang mit Architekten, vor allem auch mit jungen Architekten, gemacht. Manchmal schießen sie aber auch übers Ziel hinaus und verlangen Ausführungsdetails, die sehr kostspielig sind. Der Architekt sollte also niemals die Kostensituation aus dem Auge verlieren.«
Dipl.-Ing. Max Aicher,
Max Aicher GmbH & Co. KG, Unternehmensgruppe Bau Immobilien Stahl Umwelt
(u.a. Bauherr eines Parkhauses in München-Riem, geplant durch Hild und K Architekten)

Architekten müssen in diesem Spannungsfeld bestehen. Dazu gehört Selbstbewusstsein, aber auch Verbindlichkeit und die Erfüllung der eigenen Vorgaben. Zuverlässigkeit ist Pflicht. Schafft man etwas nicht wie geplant, ist der aktive Schritt der richtige Weg. Gibt man rechtzeitig unter Nennung von Gründen Bescheid, ist dies allemal besser, als sich am Telefon verleugnen zu lassen oder leicht durchschaubare Ausflüchte zu benutzen. Absolut kontraproduktiv ist in einer solchen Situation die Schuldabwälzung auf den Auftraggeber oder Partner. Selbst wenn im konkreten Fall das Verschulden bei diesen liegt, ist die Situation verfahren, wenn man so schlicht argumentiert. Besser ist es, in einem geeigneteren Moment, in dem man nicht in der Bringschuld ist, auf Mängel oder Versäumnisse hinzuweisen. Häufig macht man unter Druck Zusagen, die praktisch gar nicht haltbar sind. Die Nichterfüllung macht dann große Probleme. Realistische Zusagen wirken langfristig verlässlicher. Abhängigkeiten kann man klar kommunizieren, so wird auch dem Gesprächspartner eher klar, was er erwarten kann und was nicht.

»Eine transparente Kommunikation hilft, Missverständnissen vorzubeugen. Am runden Tisch müssen die Projektbeteiligten komplexe Sachverhalte allgemein verständlich darstellen können. Auch das Kultivieren von Teamgeist birgt wichtige Chancen zur Konfliktvermeidung, was sich positiv auf das Endprodukt auswirkt. Denn: ›Was man weiß, macht einen nicht heiß‹.«
Dipl.-Ing. Architekt Marc Feustel
Büro MAFEU – Berlin
(1998-2002 Projektleiter MVRDV Architekten, Rotterdam)

Gesprächsführung

Besprechungen sind aus dem Berufsleben nicht wegzudenken. Da kann man noch so viele E-Mails schreiben, nur am Tisch im direkten Austausch lassen sich komplexe Prozesse abstimmen und alle Beteiligten gleichzeitig über den Sachstand umfassend informieren. Doch meist sind diese Termine anstrengend, unnötig lang und vermitteln am Ende häufig das Gefühl, bei vielen Themen ineffektiv aneinander vorbeigeredet zu haben.

Da an diesen Vorgängen immer mehrere ihren Anteil haben, kann man nur versuchen, sein eigenes Verhalten in diesen Situationen zu optimieren und die Gesprächsabläufe durch geschicktes Agieren zu beeinflussen. Dabei steht die sachliche Problemlösung, der Konsens und die Herbeiführung von Entscheidungen im Vordergrund der Bemühungen.

Es gibt eine Reihe von Regeln für die erfolgreiche Gesprächsführung, die wichtigsten sind folgende:

- einige freundliche Worte zum Auftakt
- eigene Ziele des Gesprächs formulieren
- Erwartung für das Ergebnis aussprechen
- kurze Beiträge und klarer Aufbau des Gesagten
- Kritik sachlich üben
- Einwände und Zustimmungen begründen
- andere Verhaltensweisen nicht angreifen
- beim Thema bleiben
- Übereinstimmung von Sachinhalt und Betonung
- Blickkontakte aufnehmen und kurz halten
- Gesprächspartner ausreden lassen
- erst reden, wenn die Adressaten zuhören
- vorher Gesagtes zusammenfassen und daran anknüpfen
- Angesprochene beim Namen nennen
- Schweigen können, wenn nötig
- Fragen stellen
- positiv formulieren
- bildhaft sprechen
- Beispiele verwenden
- angemessenes Sprechtempo
- verständliche Lautstärke
- gelassenes Reagieren
- nicht durch andere negativ beeinflussen lassen
- helfen, aggressive Stimmung abzubauen

Vor einer Besprechung sollte man sich eigene Ziele für die Ergebnisse setzen und notieren, was man mit wem klären muss. Dadurch vermeidet man es, kurz nach der Besprechung schon wieder zum Telefonhörer greifen zu müssen. Auch in dem Termin selbst ist das eigene schriftliche Festhalten aller wichtigen Gesprächspunkte ein wesentlicher Faktor für die erfolgreiche Abwicklung eines Bauvorhabens, man kann sich nicht auf die Protokolle anderer verlassen. Beispielsweise werden Wünsche der Bauherren, die nicht im ursprünglichen Leistungsumfang enthalten waren, festgehalten. Das dient dem eigenen Schutz und liefert Beweise für mögliche spätere Auseinandersetzungen, wirkt aber auch kompetent und macht deutlich, dass Klarheit gewünscht wird.

»Wichtig ist, sich intensiv mit den Bedürfnissen der gewünschten Nutzung bzw. Nutzer auseinander zu setzen und hierbei das Optimum herauszuholen. Dabei sollte streng auf die Baukosten geachtet werden. Nur so werden die Architekten für ihre Projekte langfristig sowohl Bauherren als auch Investoren bekommen.«
Dipl.-Ing. Max Aicher
Max Aicher GmbH & Co. KG, Unternehmensgruppe Bau Immobilien Stahl Umwelt
(u.a. Bauherr eines Parkhauses in München-Riem, geplant durch Hild und K Architekten)

Höflichkeit sollte im Gespräch selbstverständlich sein. Gerade bei Auseinandersetzungen kann man, wenn man Ruhe bewahrt und mit höflichen Worten seine Meinung vertritt, gegenüber »Schreihälsen« einen guten Stand wahren. Meist sind ja weitere Beteiligte anwesend. Diese nehmen den Eindruck mit, den man hinterlässt. Erwarten kann man Höflichkeit auch von anderen, wenn das gute Beispiel nicht reicht, ist es auch durchaus mal angebracht, eine entsprechende Behandlung einzufordern. Stärke zu zeigen bedeutet auch, sich nicht auf das Niveau anderer herabziehen zu lassen.

Alles, was man in einem berufsbezogenen Gespräch sagt, sollte der Sache dienen, Einwände, bei denen es »irgendwie« um ein abstraktes Prinzip geht, und »Hauptsache, man hat mal was dazu gesagt«, sind selten hilfreich. Es ist nicht empfehlenswert, sich an theoretisch denkbaren Optionen festzubeißen, obwohl deren Besprechung für den tatsächlichen Fortgang des Gesprächs und des Entscheidungsprozesses irrelevant ist. Kritik sollte immer sachlich sein, so schwer es auch manchmal fällt. Generell sind »Killerphrasen« tabu. Wenn man jemanden belehrt oder nicht ernst nimmt, schafft das feindliche Fronten und führt im schlimmsten Fall zu einem abrupten Ende des Gesprächs.

Killerphrasen sind beispielsweise:
- Das stimmt nicht.
- Mein Problem ist das nicht.
- Dann müssen Sie sehen, wie Sie damit klarkommen.
- Nun ist es zu spät dafür.
- Das glaube ich nicht.
- Wir haben das schon immer so gemacht.

Gute Gespräche haben immer einen klar erkennbaren Abschluss, eine Zusammenfassung des Besprochenen, eine Verabredung zum erneuten Treffen oder die Zusicherung, weitere Informationen zu verschicken. Im Anschluss, bei der sowieso notwendigen Protokollierung, kann man auch das eigene Verhalten reflektieren und sich fragen:
- Konnte ich meine Ziele für das Gespräch erreichen?
- Sind die von mir vorgegebenen Punkte angesprochen worden?
- Konnte ich mich in den Positionen, die mir besonders wichtig sind, durchsetzen?
- Wenn nicht, wie gehe ich im Folgenden damit um?
- Habe ich die richtigen Fragen gestellt?
- Habe ich sinnvolle Allianzen gebildet und die Entscheidungsträger erreicht?
- Wann wurde ich ungeduldig?
- Worauf habe ich besonders heftig reagiert?
- Welche Ursachen hat diese Reaktion?
- Habe ich mich so verhalten, wie ich es auch von anderen erwarte?

Dieses kurzes Resümee ist wertvoll für die nächsten Gespräche und verhindert, dass man immer wieder in dieselben inhaltlichen und verbalen Sackgassen läuft.

Eine große Bedeutung kommt auch der Mimik und Gestik zu. Hier zeigt sich sehr deutlich die Haltung gegenüber Personen und dem, was sie vortragen. Ein Blick sagt mehr aus tausend Worte, wie jeder weiß. Mit der Mimik verrät man, was man wirklich von seinem Gegenüber hält. Ein abschätziger Blick verbunden mit einem süffisanten Ton in der Stimme kann schon reichen, sich jemanden zum Feind zu machen. Das sollte allerdings niemanden dazu verleiten, den Rest des Lebens mit einem Pokerface aufzutreten, man kann seine Mimik aber kontrollieren. Das gilt auch für die Gestik.

Einige Grundregeln lauten:
- gerade Körperhaltung
- lockere Bewegungen
- Blickkontakt, ohne zu starren
- Stirnrunzeln und ähnliche Missfallensausdrücke vermeiden
- Arme nicht verschränken
- Körper zum Gegenüber ausrichten

Förderlich für jede direkte Kommunikation ist es, sich auf sein Gegenüber zu konzentrieren und ihm Wertschätzung zu vermitteln, indem man ihm aufmerksam zuhört und dies durch Nachfragen oder Zusammenfassungen unterstreicht. Wohl überlegte Fragen verdeutlichen, dass man sich der Komplexität von Vorgängen auch auf der »anderen Seite« bewusst ist. Ein sofortiges Abklären eventueller Ungereimtheiten hilft, die Aussagen des anderen zu erfassen, seine Sichtweise kennen zu lernen und so seine Sprache besser zu verstehen. Diese eigene Sprache, die Codes und Eigenarten, die jede Berufsgruppe hat, sollte man kennen. Es ist nicht erforderlich, sie 1:1 zu übernehmen, aber hinter die Denkweise derjenigen zu kommen, mit denen man im Geschäftsleben zu tun hat, und so mögliche Schritte schon im Voraus einschätzen zu können ist eine große Qualität in der Kommunikation.

Hat man das Gefühl, im Bereich Gesprächsführung noch dazulernen zu können, sind der Besuch eines Lehrgangs oder die Teilnahme an einem Workshop sehr hilfreich. Es gibt zahlreiche Anbieter für die Bereiche Rhetorik, Krisenmanagement, Atemtechnik oder Moderation. Das Wissen um die Möglichkeiten und die praktizierten Übungen machen sicherer und tragen zu einem weniger aufreibenden Arbeitsalltag bei (siehe Anhang).

Im Vortrag

Eine besondere Form der Kommunikation ist der Vortrag. Die erste Frage für die Vorbereitung lautet: Habe ich ein Fachpublikum oder Architektur-Laien vor mir? Wofür werden sich meine Zuhörer am meisten interessieren? Der Rahmen, in dem man vorträgt, bietet hierfür Anhaltspunkte. Anschließend sollte man sich den Anlass der Rede vor Augen führen, um die Inhalte treffend auswählen zu können. Die Konzentration auf einige wesentliche Punkte verhindert Oberflächlichkeit. Nachdem die Themen in groben Zügen feststehen, kann mit dem Manuskript begonnen werden. Zur Rede selbst sollte allerdings ein Manuskript in Stichpunkten verwendet werden, da sonst die Gefahr des Ablesens besteht.

Damit der Redner verstanden wird, ist es wichtig, in kurzen Sätzen, langsam und mit Pausen zu sprechen. Gesprochene Sprache unterscheidet sich sehr von geschriebenen Sätzen, auch in dieser Hinsicht ist also ein Ablesen vom Manuskript nicht zu empfehlen. Die Stimme sollte dabei ruhig und deutlich sein. Regelmäßiger Blickkontakt und eine unterstreichende Gestik erhalten die Aufmerksamkeit der Zuhörer. Ein fester Stand beim Reden unterstützt zusätzlich das Gesagte und vermittelt den Eindruck von Sicherheit. Dabei sollten die Hände niemals in der Hosentasche sein. Die Verwendung eines Manuskripts gibt den Händen einen sinnvollen Aufenthaltsort, allerdings nur, wenn man sich nicht daran festklammert.

Jeder Vortrag beginnt mit einigen Einstiegssätzen und endet mit einer Zusammenfassung oder einem Ausblick. Wenn man mit den Worten

»So, das war's« die Bühne ohne abschließende Worte verlässt, kann das den Eindruck eines eigentlich gelungenen Vortrags zu guter Letzt noch schädigen.

Zwischenfragen sollten nicht als Störung empfunden werden, sondern als wertvolle Anregung. Vielleicht benennt der Fragende eine Unklarheit, die bei weiteren Teilnehmern besteht, und die Klärung trägt zur besseren Verständlichkeit für alle bei. Über den Umgang mit Zwischenfragen wird man sich am besten im Vorfeld schon klar, eventuell beantwortet man sie auch gebündelt am Ende des Vortrags. Für eine abschließende Diskussion oder Fragemöglichkeit sollte man auf jeden Fall genügend Zeit einplanen.

Eine Visualisierung wichtiger Inhalte hilft dem Publikum, der Argumentation zu folgen und kann dem Redner als Manuskriptersatz dienen. Bei den meisten Vorträgen und Präsentationen wird inzwischen das Programm PowerPoint verwendet. Damit lassen sich einzelne Folien für den Overhead-Projektor ebenso erstellen wie auch ganze Folienreihen zur Präsentation mit dem Videobeamer. Als Werkzeug zu Folienerstellung eignet sich das Programm gut, da es bequem voreingestellte Layouts ebenso anbietet wie leere Folien, die nach eigenen Vorstellungen gestaltet werden können. Die Beamer-Präsentation kann zusätzlich animiert werden, was weitere visuelle Effekte beim Vortrag möglich macht. Derartige Spielereien sind allerdings mit Vorsicht zu genießen. Die Aufmerksamkeit des Publikums sollte dem Vortrag und dem Redner gelten, nicht technischen Raffinessen, sonst bleibt am Ende nichts weiter im Gedächtnis als bunte Bildchen. Zudem sollte man vermeiden, zu viele Folien hintereinander anzuklicken, ab einer gewissen Geschwindigkeit und Informationsfülle kommt beim Zuhörer nicht mehr viel an.

In jedem Fall gilt: Das Programm ist nur ein Hilfsmittel, um die Vermittlung von Inhalten zu unterstützen, die Visualisierung darf nicht zum Selbstzweck werden. Werden diese Ratschläge berücksichtigt, ist die Verwendung von wenigen Folien zu wichtigen Themenabschnitten durchaus zu empfehlen und PowerPoint eine geeignete Erstellungshilfe hierfür.

Ein Handout mit einer Zusammenfassung wird im Anschluss gern mitgenommen. Darin sollte ein eigenständiger Text enthalten sein. Der einfache Abdruck der Folien, die man im Vortrag verwendet hat, ist keine gute Idee.

Pressearbeit

Public Relations werden oft mit Pressearbeit gleichgesetzt. Die vorherigen Kapitel zeigen, dass diese Gleichsetzung zu kurz greift. Doch der Umgang mit den Medien ist ein besonders wichtiges PR-Instrument, weil »die Presse« eine wichtige Funktion in der Eigen- und Fremdwahrnehmung hat.

Ein positiver Artikel in der Zeitung erreicht durch die »Filterfunktion« der Journalisten einen weitaus höheren Stellenwert, als der Text einer Broschüre erreichen kann. Die Medien dienen deshalb als Multiplikatoren für die eigene Arbeit. Über sie spricht man die eigenen Zielgruppen indirekt an. Der Vorgang der Pressekommunikation unterscheidet sich grundlegend von anderen Maßnahmen. In einer Broschüre oder im Internet ist der Text selbstbestimmt, ein redaktioneller Artikel ist häufig nur wenig beeinflussbar. Mit der Pressearbeit setzt man sich stets auch der Gefahr aus, ein negatives Ergebnis zu erreichen. Das mag zum einen die Ablehnung der Veröffentlichung sein, zum anderen aber auch eine böse Architekturkritik im Feuilleton, die von vielen Leuten gelesen wird. Zu der kann es allerdings auch kommen, wenn man die Medien nicht selbst informiert. Gebäude werden schließlich wahrgenommen, und darüber zu schreiben ist der Beruf des Journalisten. Deshalb ist es klüger, die Informationen, die man selbst als relevant für das Verständnis seiner Arbeit empfindet, auch den Redaktionen zur Verfügung zu stellen.

Die Fachpresse wird, das ist bekannt, größtenteils von Kollegen gelesen. Aber viele Architekten sitzen auch in Behörden oder als Planer in großen Unternehmen, bei Banken und Projektentwicklern. In den Gremien entscheiden zum großen Teil Menschen, die sich an den Fachmedien orientieren. Insofern kann eine Veröffentlichung in einem Architekturmagazin zu Wettbewerbseinladungen, Einladungen in VOF-Verfahren oder einer direkten Ansprache durch einen Entwicklungsträger führen. Bei Einladungswettbewerben sind Ansehen und Kenntnis des Büros entscheidend. In kleineren Fachmagazinen verschwimmt die Abgrenzung zwischen PR und Journalismus allerdings häufiger. Es ist durchaus üblich, einen selbst geschriebenen Artikel in einem Spezialmagazin unterzubringen, weil die Redaktion überlastet ist. Mit diesen Artikeln erreicht man noch einmal eine ganz spezielle Fachöffentlichkeit von Planern. Das Renommee erhöhen sie natürlich nicht so wie andere Artikel.

Jeder Adressat in einer Behörde oder einem Unternehmen, jeder potenzielle Bauherr liest mehr als Fachmagazine, er ist auch politisch interessierter Leser und Privatmensch. Und deshalb sind auch die Publikumsmedien für ein Architekturbüro und seine Inhaber interessant. Für viele Journalisten sind die Themen aus dem Bereich Architektur zu speziell. Hier kommt es eher darauf an, das Büro und seine Arbeit allgemein ins Blickfeld zu rücken. Besonders interessant sind für die Pressearbeit Magazine, die überregionale Tagespresse und die Medien in den jeweiligen Einzugsgebieten.

Auch der beste Kommunikationsexperte kann ein Thema nicht »in die Zeitung bringen« oder »platzieren«, so wie es oft erwartet wird. Kontakte zu Medienvertretern helfen zwar, wenn es darum geht, überhaupt Interesse zu wecken, aber eine Garantie kann es nicht geben. Nicht zuletzt kommt es schließlich auf die Qualität des eigenen Projekts an, auf die langfristige Planung des Magazins und auch auf die persönlichen Vorlieben des Redakteurs. Damit man mit dem, was man in die Öffentlichkeit tragen möchte, auch richtig liegt, ist es sinnvoll, sich vor einer Texterstellung kritisch zu fragen, ob der Inhalt der Nachricht und der geplante Zeitpunkt der Aussendung gut gewählt sind.

Für die angesprochenen Journalisten und Redaktionen muss ein Thema eine gewisse Relevanz besitzen. Die Kommunikationswissenschaftler Galtung und Ruge haben als erste eine Nachrichtenwerttheorie entwickelt. Sie geht davon aus, dass Journalisten sich bei der Auswahl des Zeitgeschehens an bestimmten Ereignismerkmalen, den »Nachrichtenfaktoren«, orientieren. In ihrer Theorie unterscheiden Galtung und Ruge zwölf Faktoren, die ein Ereignis nachrichtenrelevant machen. Nicht alle dieser Faktoren sind auch für die Pressearbeit im Bereich Architektur in gleichem Maße relevant, es lassen sich aber Rückschlüsse ziehen.

Ereignisentwicklung
Kürzere und kurzfristige Ereignisse werden eher zur Nachricht als langfristige Entwicklungen oder Trends. Das bedeutet, dass man nicht mitten in einem Projekt mit der Pressearbeit starten kann, sondern einen Aufhänger, einen Anknüpfungspunkt suchen muss, der durch den Ablauf der Ereignisse gegeben ist, z.B. die Grundsteinlegung.

Außergewöhnlichkeit
Ein Ereignis muss als »außergewöhnlich« angesehen werden, damit es als Nachricht gemeldet wird. Die Meinungen darüber, was »außergewöhnlich« ist, gehen natürlich auseinander. Das ist eine der Schwierigkeiten, die bei der Pressearbeit auftreten. Wenn man selbst sein Bauwerk oder seine Leistung dementsprechend einordnet, heißt das leider noch lange nicht, dass es auch andere tun. Ein selbstkritischer Blick tut der Kommunikation mit Journalisten auf jeden Fall gut.

Eindeutigkeit
Je einfacher und klarer ein Ereignis ist, desto eher wird es als Nachricht verbreitet. Die Ereignisse, die sich im Baugeschehen abspielen, sind im Allgemeinen recht eindeutig. Man kann diesen Punkt aber auch auf die Texte und Vorstellung des eigenen Projekts beziehen. Eindeutigkeit in der Aussage erleichtert den Zugang zum Inhalt.

Soziale Relevanz
Je wichtiger ein Ereignis für die Gesamtbevölkerung eingeschätzt wird, desto eher wird es zur Nachricht. Ein großes Problem des Berufsstands vor allem in Deutschland ist, dass der Architektur kaum soziale Relevanz zugebilligt wird, es sei denn, es handelt sich um Wohnheime oder Krankenhäuser. Dagegen kann sich ein Architekt mit einem »unmenschlichen« Bau schon einige Kritik einfangen. Auch wenn ein Bau sehr lange unvollendet im Stadtraum steht, kann das auf den Architekten zurückfallen. Aber in der alltäglichen Rezeption ist Architektur ein merkwürdiges Zwischenwesen, in der Kultur nicht wirklich eingeordnet und als sozialer Faktor nicht gesehen. Das wirkt sich natürlich auch auf die (oft mangelnde) Berichterstattung aus.

Erwartungstreue
Damit ein Ereignis zur Nachricht wird, muss es mit den allgemeinen Erwartungen übereinstimmen. Klassische Beispiele sind Wahlentscheidungen, Sportereignisse und Pressekonferenzen. Erwartungen kann man wecken, indem die eigene Pressearbeit kontinuierlich und verlässlich abläuft und durch Presseinformationen zu Wettbewerbsgewinnen oder bei interessanten Bauabschnitten schon auf einen »Höhepunkt«, nämlich die Baufertigstellung, hinweist.

In der Regel hat man es mit einem festen Stamm von Journalisten zu tun, und diese können in den Kommunikationskreislauf einbezogen werden.

Überraschung
Je überraschender das Geschehen eintritt, desto größer ist sein Nachrichtenwert. Überraschungen sollten beim Bauen eigentlich vermieden werden. Akzente setzen kann man aber auch mit einer kontroversen Meinung, die man in eine aktuelle Diskussion, beispielsweise zur Stadtplanung, einbringt.

Themenkarriere
Wenn ein Ereignis zum Nachrichtenthema geworden ist, wird darüber auch kontinuierlich berichtet. Auch Bauwerke haben Themenkarrieren. Vom Wettbewerbsgewinn, der mit Bild veröffentlicht wurde, über die Fertigstellung, die vor allem in der Fachpresse gewürdigt wird, bis zur Vorstellung in Hochglanz- und Wohnmagazinen kann eine solche Karriere sich entwickeln. Manche Bauwerke werden noch nach Jahren immer wieder veröffentlicht, weil sie eine starke Aussage haben und ein Thema perfekt illustrieren.

Relative Themenvarianz
Beherrschen an einem Tag große politische Themen die Presse oder das Fernsehprogramm, so haben auch unwichtigere Themen die Chance, zur Nachricht zu werden, damit das Gesamtbild der Zeitung oder der Fernsehsendung ausgeglichener erscheint. Darauf zu hoffen macht in der Pressearbeit wenig Sinn. Aber es kommt schon vor, dass ein Artikel über ein Gebäude um einiges nach der Presseinformation erscheint, weil erst dann Platz im entsprechenden Ressort ist. Andererseits kann eine Vernissage in der Redaktionssitzung auch unter den Tisch fallen, obwohl ein Journalist vor Ort war.

Bezug zu »Elite-Nationen«
Politische oder wirtschaftliche Entscheidungen wichtiger Staaten mit weitreichenden Folgen für die übrige Welt gewinnen einen hohen Nachrichtenwert. Dieser Punkt ist ganz eindeutig für die Architektur zu vernachlässigen.

Bezug zu »Elite-Personen«
Ähnliches wie bei »Elite-Nationen« gilt für Personen. Je stärker »Elite-Personen« an einem Ereignis beteiligt sind, desto eher wird es zur Nachricht. Solche Menschen können auch Firmeninhaber, Honoratioren der Handelskammer, die Bürgermeisterin eines Ortes oder der Präsident der Architektenkammer sein, die an einem Richtfest teilnehmen. Vor allem für die Lokalpresse sind diese nicht unwichtig.

Personenbezug
Wenn Menschen im Vordergrund stehen, ist die Wahrscheinlichkeit höher, dass ein Ereignis zur Meldung wird. Durch Personalisierung wird die Komplexität eines Ereignisses reduziert. Hier geht es nicht nur um »Einzelschicksale«, die man oft verbunden mit einem großen Ereignis, häufig einer Katastrophe, vorgestellt bekommt. Für die Architekturfachpresse gilt dies weniger. Doch in der Kommunikation mit anderen Medien kann ein Personenbezug hergestellt werden, etwa über interessante Nutzer oder den Architekten selbst, der mit seinem Lebenslauf in den Vordergrund gerückt wird.

Negativität
»Only bad news are good news.« Negative Ereignisse sind häufig wichtiger, dominanter

und unerwarteter als positive. In der Architektur bedeutet dies im schlimmsten Fall ein eingestürztes Dach, um Millionen überzogene Baukosten oder den Streit zwischen Bauherren und Architekten. Solche Vorkommnisse finden überproportional häufiger Eingang in die Publikumspresse als Berichte von glücklichen Nutzern oder eingehaltenen Baukosten. Hier können die Architekten mit ihrer eigenen Kommunikation zumindest ein wenig gegensteuern, indem sie Themenbereiche anbieten, die die Nutzer mit einbeziehen oder ganz offensiv eingehaltene oder unterschrittene Baukosten mitkommunizieren.

Je größer die Zahl der oben genannten Faktoren ist, die ein Ereignis besitzt, desto wahrscheinlicher ist es, dass es zum Nachrichtenthema wird.

Kommunikation mit Journalisten

Um bei den Journalisten »anzukommen«, sind einerseits interessante Inhalte wichtig, zum anderen Kontinuität, Berücksichtigung von Redaktionsterminen, richtige Ansprechpartner sowie eine unaufdringliche und sachliche Präsentation. Engagement, Telefonate und die persönliche Journalistenbetreuung auf Veranstaltungen gehören ebenfalls zu einer erfolgreichen Pressearbeit.

»Medienkompetenz und Medienmanagement gehören zu den neuen Schlüsselqualifikationen im gewandelten Berufsbild des Architekten. Dies bedeutet keineswegs, alles selbst zu machen, sondern sich ebenso selbstverständlich mit Medienfachleuten zu umgeben, wie im Planungs- und Bauprozess mit anderen Fachingenieuren.«
Jan R. Krause
Professor für Architektur und Media Management, FH Bochum und Leiter Marketing und Kommunikation der ETERNIT AG, Berlin

Man sollte wissen: Bei den meisten Medien, gerade bei Tageszeitungen, herrscht ein permanenter Zeitdruck, die Termine sind eng, die meisten Redaktionen unterbesetzt und die Journalisten schlecht bezahlt. Täglich gehen Massen von Pressemitteilungen durch die Faxe und Mailverteiler. Dies macht manche gestresste Antwort am Telefon vielleicht etwas verständlicher. Wer kurz vor der Redaktionskonferenz (bei Tageszeitungen gegen 10.00-11.00 Uhr und 16.00-17.00 Uhr) anruft, läuft Gefahr, eine knappe Antwort zu erhalten. Umso wichtiger ist es, professionell zuzuliefern. Journalisten wollen keine Jubelarien oder dicke Mappen mit einer Riesenauswahl an Bildern und Texten, die bis ins kleinste Detail das Projekt vorstellen. Sie wünschen sich eine qualifizierte

Zusammenstellung der Informationen als erste Anregung. Haben sie dann Fragen und weiteren Informationsbedarf, melden sie sich.

Oft geschieht das in letzter Minute: Ein Bild fehlt oder eine Frage muss beantwortet werden. Wenn dann ein langwieriger Abstimmungsprozess in Gang gesetzt wird, ist es für die Veröffentlichung zu spät. Für den PR-Beauftragten kommt es deshalb darauf an, sich im Einvernehmen mit Vorgesetzten, Bauherren und Kollegen so viel Kompetenz wie möglich übertragen zu lassen, so dass ihm ein freier und unbürokratischer Umgang mit Journalisten möglich ist.

»Als tagesaktuell arbeitende Redaktion bitten wir unsere Architekten immer, uns zeitgleich zu einem konkreten Anlass (Wettbewerbsgewinn, Grundsteinlegung, Richtfest etc.) mit Material zu versorgen. Es bringt uns nichts, wenn wir Monate nach Fertigstellung perfekte Fotografen-Bilder bekommen, aber kein Anlass mehr vorhanden ist, der eine Meldung rechtfertigte. Überhaupt müssen die Büros proaktiv auf uns zugehen; dazu muss es jemanden geben, der für PR-Arbeit zuständig ist, von sich aus auf die Redaktionen zugeht und im Gegenzug verlässlich für Rückfragen erreichbar ist.«
Benedikt Hotze
Redaktionsleiter BauNetz

Wird ein Projekt nicht aktuell und sofort nach der Presseaktion veröffentlicht, so kann es durchaus zu einem späteren Zeitpunkt in den Medien auftauchen. Manchmal passt ein Objekt zum Zeitpunkt der Information nicht in die thematische Ausrichtung der nächsten Hefte. Kleinere Maßnahmen oder Sanierungsaufgaben haben es schwer gegenüber größeren Neubauprojekten. Journalisten sammeln aber im Allgemeinen die Informationen und suchen sie zu passender Gelegenheit wieder heraus. So kann es passieren, dass ein Sanierungsobjekt einige Monate nach der Pressemitteilung in einem Heft mit diesem Schwerpunkt als eines von mehreren Beispielen erscheint.

Hat man ein Interview gegeben, ist es manchmal möglich, den Interviewtext vor dem Abdruck noch einmal gegenzulesen, vor allem bei Magazinen. Dies bedeutet nicht, wie oft erwartet wird, dass im Nachhinein noch einmal ein völlig neuer Text verfasst werden kann, sondern dass man vielleicht an der einen oder anderen Stelle noch etwas pointiert. Auf eine Vorlage vor Abdruck sollte man nicht bestehen.

Sind falsche Informationen veröffentlicht worden und drohen dadurch Probleme zu entstehen, sollte der zuständige Redakteur angesprochen werden. Mit ihm wird besprochen, wie diese richtig gestellt werden können. Handelt es sich nur um einen kleineren Fehler, oder wurde ein Name nicht korrekt wiedergegeben, kann man dies auf sich beruhen lassen. Im Nachhinein ist eine Korrektur nicht mehr möglich. Ein Hinweis beim nächsten Pressekontakt ist aber angebracht.

Abstimmung mit den Bauherren

Bei der Kommunikation eines Bauprojekts sollte man beachten: Zu jedem Gebäude gehört ein Auftraggeber. Ein großer Fehler wäre es, ohne Abstimmung mit ihm mit der Pressearbeit zu beginnen. Besser ist es, schon im Vorfeld mit dem Verantwortlichen über eine gemeinsame Vorgehensweise zu sprechen. Ist es ein größeres Bauvorhaben, macht das Unternehmen höchstwahrscheinlich auch Pressearbeit. Möglich ist es, die Arbeit aufzuteilen und unterschiedliche Redaktionen zu beliefern. Die Architekturfachpresse wird den Architekten meist gern »überlassen«, aber auch Ansprechpartner in den Tageszeitungen aus Ressorts, die nicht so relevant für den Bauherrn sind, sind im Allgemeinen kein Problem.

Viele Veröffentlichungen in der Tagespresse erscheinen ohne den Namen des Entwurfsarchitekten. Diese Artikel basieren meist auf den Presseinformationen des Bauherrn. Ein frühzeitiges Gespräch mit der Bitte um Aufnahme der wesentlichen Informationen zum Architekturbüro und die Lieferung eines kurzen Informationstextes in digitaler Form an den Verantwortlichen kann das verhindern. In den eigenen Pressetexten sollten die Auftraggeber stets genannt werden. Diese Passagen sollte man sich rechtzeitig »absegnen« lassen.

Ein besonderer Fall ist die Krisenkommunikation im Bauprozess. Wird ein größerer Auftrag entzogen oder gibt es schwere Unstimmigkeiten, wird auch die Presse darüber berichten.
In diesem Fall gilt es, offensiv seinen Standpunkt zu vertreten und rasch auf eventuelle Vorwürfe zu reagieren. Es nützt nichts, den Kopf in den Sand zu stecken, den Schaden hat man am Schluss selbst.

Anlässe für Pressearbeit

Wettbewerbsgewinn
Bei einem Wettbewerbsgewinn sollte es schnell gehen. Eine kurze Meldung ist erst einmal ausreichend, bei Interesse werden sich die Journalisten mit der Bitte um weitere Informationen zurückmelden.

Preisgewinn oder Berufung
Ein Preisgewinn wird im Allgemeinen über die verleihende Institution der Fachpresse mitgeteilt, so dass eine parallele Pressemitteilung an diese Adressaten eher peinlich wirken kann. Um sicherzugehen, sollte man mit den zuständigen Mitarbeitern Kontakt aufnehmen und fragen, wie die Öffentlichkeitsarbeit verläuft. Hat man das Gefühl, hier wird nicht genug getan, sollte man eine mögliche gemeinsame Pressearbeit ansprechen. Die Lokalpresse kann sich dafür ebenso interessieren wie für die Berufung eines Büropartners als Professor an eine Hochschule.

Projektauftrag
Ist ein Projekt beauftragt worden, ist eine Pressemitteilung mit detaillierteren Informationen zu verschicken. Hier gilt dann auf jeden Fall: Abstimmung mit dem Auftraggeber.

Grundsteinlegung und Richtfest
Eine Grundsteinlegung oder das Richtfest sind oft nur für die Lokalpresse interessant, denn für die Fachmedien gibt es noch nicht viel zu berichten. Hier kann die Rolle des Architekten mit etwas Geschick oft deutlicher hervortreten. Einer Einladung zu einem Gespräch über das Projekt, seine Herausforderungen und Besonderheiten kommen Journalisten oft gern nach.

Baufertigstellung
Ein klassischer Ablauf von Pressearbeit zum Ende eines Bauprojekts wird auf der Seite 97 geschildert.

Gebäudeführung
Bevor ein Bauwerk bezogen wird, sollte man die Gelegenheit nutzen und einen Kreis von interessanten Multiplikatoren, Partnern und Journalisten zu einer Führung einladen.

»Tag der Architektur«
Ist eines der Büroprojekte im Programm des »Tages der Architektur« vertreten und öffnet es für Besucher seine Türen, kann dies über die Medienarbeit der veranstaltenden Kammer hinaus kommuniziert werden.

»Tag des Denkmals«
Dies gilt auch für den »Tag des Denkmals«. Viele Menschen sind an den Erfahrungen eines Projektverantwortlichen, der den Wiederaufbau oder die Sanierung eines denkmalgeschützten Gebäudes verantwortete, interessiert.

Vortrag eines Bürovertreters
Neben der klassischen Projekt-PR liefern auch andere Aktivitäten des Büros Anlässe für Medienarbeit. Zu einem Auftritt von Vertretern des Büros in der Öffentlichkeit sollten stets auch ausgewählte Journalisten eingeladen werden.

Ausstellung
Beteiligt sich das Büro an einer Ausstellung oder hat es eine eigene Werkschau organisiert, bietet sich eine gute Gelegenheit für den Dialog mit den Medien.

Buchveröffentlichung
Die Veröffentlichung eines Projekts oder eines Büroportraits in Buchform ist Anlass für eine Pressemeldung. Hier sollte man sich mit dem Verlag abstimmen.

Ein Sonderfall:
Der Architekt als Autor und Experte

Manchmal werden Architekten gebeten, einen Artikel zu schreiben, selten über ein eigenes Gebäude, eher über einen Trend oder ein Spezialthema. Diese Gelegenheit, sich gut zu präsentieren, sollte man nutzen. Solche Aufgaben liegen allerdings oft bis zum Schluss auf dem großen Stapel, und im letzten Moment wird dann ein Text geschrieben, der langweilig oder inhaltlich nicht ausreichend fundiert ist.

Architekten dürfen und sollten eine Meinung haben, und zwar sowohl zur Architektur ihrer Kollegen als auch zu Themen der Stadtentwicklung. Ohne Meinungen entsteht keine Debatte. Wenn im »Architekturquartett« Journalisten und Architekten einhellig alle vorgestellten Gebäude loben, ist das ein bisschen zu wenig für den Architekturdiskurs. Wird man von einem Journalisten um seine Meinung zu anderen Bauwerken gebeten, ist eine durchdachte Argumentation angebracht, diese kann ruhig auch negativ sein. Solange diese begründet und höflich vorgetragen wird, trägt eine solche Aussage auch zum eigenen Profil bei.

Pressemitteilung
Die Pressemitteilung ist die druckfertige Mitteilung der Neuigkeit, formuliert nach bestimmten Regeln: die relevanten Informationen zu Beginn des Textes, insgesamt so kurz wie möglich, mit einer Überschrift, welche die Inhalte der Mitteilung erkennen lässt und versehen mit den nötigen formalen Angaben wie Absender, Datum, Adresse.

Presseinformation
Die Presseinformation ergänzt die Pressemitteilung. Ist das Interesse geweckt, gibt sie Auskunft über Details der Planung, Besonderheiten im Bauwerk etc.

Presseeinladung
Zu Anlässen wie Ausstellungseröffnungen wird aus der Pressemitteilung eine Presseeinladung. Diese enthält Ort, Zeit und einen kurzen Text zu Ausstellungsinhalten.

Presseankündigung
Sinn einer Presseankündigung ist es, der Öffentlichkeit die anstehende Veranstaltung bekannt zu machen. Sie wird parallel zur Presseeinladung, die an den persönlichen Journalistenverteiler gerichtet ist, an die Redaktionen verschickt. Die Presseankündigung ist kurz und sagt in wenigen Sätzen, worum es geht. Je kürzer sie ist, desto höher ist die Wahrscheinlichkeit, dass sie unverändert erscheint.

Pressekonferenz
Zu wichtigen Themen werden Medienvertreter eingeladen, um die Position des Unternehmens der Öffentlichkeit vorzustellen. Die Pressekonferenz braucht einen konkreten, relevanten und aktuellen Anlass in Form eines berichtenswerten Ereignisses, nur dann wird sie auch von den Journalisten besucht. In der Architektur sind Pressekonferenzen nur selten sinnvoll.

Pressegespräch
Im Vergleich zur Pressekonferenz hat das Pressegespräch einen eher vertraulichen Charakter, muss keinen konkreten Anlass haben und dient der Kontaktpflege. Sinnvollerweise ist es mit einer Führung oder der Vorstellung eines neuen Projekts verbunden.

Interview
Interviews werden meist – jeder kennt es – mit Personen des öffentlichen Interesses geführt. Aber auch Büroinhaber, Projektleiter oder Spezialisten können befragt werden, wenn der Journalist ein tieferes Interesse an einem Thema hat.

Pressefoto
Pressefotos werden als Anreiz oder auf Nachfrage herausgegeben, wenn ein Thema Interesse geweckt hat. Die Fotos müssen aussagekräftig und druckfähig sein.

Pressemappe
Die Pressemappe enthält alle wichtigen Informationen über eine Veranstaltung oder ein Projekt. Sie wird im Allgemeinen nur zusammengestellt, wenn ein größerer Anlass bevorsteht. Bei umfangreicheren Mappen steht am Anfang das Inhaltsverzeichnis, dann die Presseinformationen und eventuell Fotos. Sofern Reden gehalten werden, können die Redemanuskripte der Pressemappe beigelegt werden. Es kann zudem eine Liste mit den Namen und Funktionen der Referenten in die Mappe gelegt werden.

Hat man einen langfristig vorhersehbaren Anlass, mit den Medien in Kontakt zu treten – etwa eine Baufertigstellung – ist die Planung einer Presseaktion notwendig. Viele Magazine haben eine Vorlaufzeit von bis zu drei Monaten. Dies bedeutet praktisch, dass man im Idealfall vier Monate vor einem Anlass mit der Planung beginnt. In der Praxis hat sich ein festgefügter Ablauf in der Pressearbeit zu einem Projekt bewährt.

Erstellung eines Verteilers

Ohne Adressen, Ansprechpartner und Faxnummern erreicht das eigene Anliegen seine Empfänger nicht. Ein umfangreicher Verteiler ist eine der Grundlagen für effektive Pressearbeit. Hat man erst einmal einen solchen Verteiler angelegt, kann den Medien auch innerhalb weniger Stunden ein überraschender Wettbewerbsgewinn kommuniziert werden. Man sollte hierfür eine Datenbank anlegen, die verschiedensten Kriterien genügt. Detailliertere Ausführungen hierzu finden sich im Kapitel »Identität und Struktur«.

Woher bekommt man nun Journalistenadressen, um seine Datenbank zu füllen? Eine Möglichkeit ist, Adressen über verschiedene Anbieter zu »kaufen« (siehe Anhang). Die Daten lassen sich je nach Schwerpunkt und Fachgebiet sortieren und gezielt bestellen, auf CD oder sogar per E-Mail. Das hat den Vorteil, dass man schnell eine große Adressenmenge zusammengestellt hat. Die Kosten dafür halten sich im Rahmen. Ein Nachteil ist, dass diese Listen nicht immer auf dem neuesten Stand sind und dass viele »Füller«, z.B. von irrelevanten Kundenmagazinen, den Preis erhöhen.

Erst einmal deutlich aufwändiger, aber weitaus informativer und auch effektiver ist es, sich seinen Verteiler selbst zusammenzustellen. Hilfreich beim Zusammenstellen der Adressen sind Nachschlagewerke wie die *Kroll Pressetaschenbücher*, der *Stamm Leitfaden durch Presse und Werbung* und das *Taschenbuch des öffentlichen Lebens*. Der *Zimpel*, eine Loseblattsammlung in sechs Bänden, enthält Daten verantwortlicher Redakteure aller Ressorts der Zeitungen, Publikums- und Fachzeitschriften, der Anzeigenblätter, Journalisten in Funk und TV und freie Journalisten. Das Verzeichnis *Redaktions Adress* erscheint zweimal jährlich (siehe Anhang).

Im Internet gibt es verschiedene Plattformen, die Fachzeitschriften auflisten und Mediadaten bereithalten. Hier kann man sich informieren, welche Medien zu einzelnen Themen es gibt. Viele werden feststellen, dass ihnen auch längst nicht alle Architekturmedien bekannt sind (siehe Anhang).

Die Magazine und Zeitungen, die man als wichtig einordnet, sollte man intensiv lesen. Dazu gehören sicher *Bauwelt, Baumeister, Häuser, DBZ, Atrium*, die *Frankfurter Allgemeine Zeitung*, die *Süddeutsche Zeitung*, *Die Zeit* und die regionale Tagespresse. So kann man den oder die Ansprechpartner aus der Redaktion herausfinden, von denen man annimmt, dass sie sich am ehesten für die eigenen Themen interessieren. Dabei sollte man auch an die Fachpresse aus Österreich und der Schweiz denken. In der Redaktion kann man erfragen, wer sich hinter welchem Kürzel, das unter einem Artikel steht, verbirgt. Auch die internationale Presse ist an deutscher Architektur interessiert. Zu nennen sind hier u.a. *l'architecture d'aujourd'hui* in Frankreich, *El Croquis* in Spanien oder *Architectural Record* in den USA. Natürlich muss die Pressemitteilung dann auf englisch verfasst sein, bei französischsprachigen Magazinen ist es sehr hilfreich, wenn der

Pressetext französisch ist. Alle internationalen Magazine findet man genauso wie die deutschen im Internet.

Medien, für die ein Thema aus dem Bereich Architektur und Bauen interessant ist:
- Architekturfachpresse
- Häuser- und Lifestylemagazine
- Immobilien- und Baufachpresse
- Hausbau- und Bausparmagazine (bei Wohnbauten)
- Kundenmagazine, z.B. der Sparkassen oder der Bahn
- Nachrichtenmagazine
- Tageszeitungen regional: Feuilleton, Kultur, Lokales, Wirtschaft, Beruf
- Tageszeitungen überregional: Feuilleton, Kultur, Wirtschaft, Immobilien
- Wochenzeitungen: Feuilleton, Kultur, Wirtschaft, Immobilien
- Wirtschaftspresse
- Onlinemagazine
- freie Journalisten
- TV und Radio: Magazinsendungen

Hinzu kommen dann noch spezielle Medien, die je nach Bauaufgabe stark variieren können. Wenn das Büro die Ausstellungsplanung eines Museums mit übernommen hat, kann das ein Grund für eine Veröffentlichung in Museums- und Designfachzeitschriften sein. Ein aufwändiger Messestand ist auch ein Thema für Eventfachzeitschriften. Architektinnen haben noch ein weiteres Präsentationsfeld: die Frauenzeitschriften. Auch wenn diese häufig etwas verpönt sind, sie werden viel gelesen, und in dieser großen Leserschaft sind eine Menge Menschen, die in ihrer beruflichen Funktion wichtig sein könnten.

Macht man eine Ausstellung, bietet Führungen durch ein Gebäude an oder öffnet sein Büro zum »Tag der Architektur«, sind auch Stadtmagazine gute Ansprechpartner. In jeder größeren Stadt liegen diese auf den Wohnzimmertischen.

Um freie Journalisten zu erreichen, die gleichzeitig für verschiedene Redaktionen arbeiten, bietet sich das jährlich erscheinende *Handbuch des Deutschen Journalistenverbandes* an. Hier sind alle freien Journalisten Deutschlands, die im Verband Mitglied sind, vertreten. Allerdings auch eine ganze Reihe von nur gelegentlich journalistisch tätigen Personen, die aus vielerlei Gründen Mitglied des Verbandes sind. Im Handbuch sind die Journalisten nach verschiedensten Kriterien ausfindig zu machen: geordnet nach Fachgebiet wie Architektur oder Denkmalschutz oder nach regionalen Kriterien. Man kann sich also aus der Menge eine relevante Gruppe zusammenstellen. In der Kommunikation anlässlich eines Projekts wird sich dann nach und nach herausstellen, wer auch zukünftig im Verteiler bleibt.

Berücksichtung von Redaktionsterminen

Die Presse arbeitet nach festen Gesetzen und Terminen. Was zu spät kommt, wird einfach nicht mehr berücksichtigt, wenn die Themen für ein Heft oder eine tagesaktuelle Ausgabe erst einmal feststehen. Die unterschiedlichen Redaktionstermine sind auf der Seite 96 aufgeführt.

Da die Magazine langfristig planen, ist es auch möglich, schon im Voraus zu erfahren, welches Heft welchen Schwerpunkt haben wird. Dies kann man sehr häufig im Internet auf der entsprechenden Magazin-Website recherchieren.

Die Zeitplanung

Basis der Kontaktaufnahme ist die Presseinformation, ein Text, der die wesentlichen Inhalte zum Thema auf den Punkt bringt. Diese wird an den ausgewählten Verteiler von Journalisten geschickt. Angefügt ist ein Faxantwortbogen, in dem die Adressaten ankreuzen können, ob sie weitere Informationen wünschen. Dieser Bogen wird von vielen Journalisten gern genutzt.

Pressemitteilungen können mittlerweile in den meisten Fällen per Fax oder E-Mail versandt werden. Dies spart Porto und geht schnell. Ein Anruf in der Zentrale bringt die Durchwahl und Faxnummer des betreffenden Journalisten rasch in Erfahrung.

Im Gegensatz zu z.B. politisch brisanten Themen macht das Herstellen von »Exklusivität« in der Architektur wenig Sinn, deshalb kann eine Pressemitteilung gleichzeitig an den gesamten Verteiler gehen. Wenn ein Hochglanz-Wohnmagazin, das eben dieses Gebäude nicht zeitgleich in ähnlich aufwändiger Form im Konkurrenzblatt sehen möchte, Interesse zeigt, kann man immer noch abwägen.

Es ist durchaus sinnvoll, in der betreffenden Redaktion nachzuhaken, ohne den Redaktionsalltag allzusehr zu stören. In einem angemessenen Abstand von ca. 10 Tagen ruft der PR-Verantwortliche bei den Redaktionen an, die keine Rückmeldung gegeben haben. Dabei sollte man nicht fragen, wann denn etwas veröffentlicht wird. Vielmehr kann man weitere Informationen und Bilder anbieten, die dann allerdings auch parat liegen müssen. Häufig bitten die Journalisten darum, die Presseinformation noch einmal zugesandt zu bekommen. Dabei sollte man es dann erst einmal belassen, weil man nun recht sicher sein kann, dass die Nachricht den Empfänger erreicht hat.

Sinnvoll und für alle Beteiligten hilfreich ist es, einen verbindlichen Zeitplan für die jeweilige Presseaktion aufzustellen. So stellt man sicher, dass die richtigen Maßnahmen zum richtigen Zeitpunkt durchgeführt werden. Ein möglicher Zeitplan ist auf der Seite 97 abgedruckt.

Organisation eines Pressetermins

Eine Pressemitteilung zum Projekt ist ein reiner Papier- oder Digitalvorgang. Gibt es aber einen Anlass, vor Ort zu sein, sei es im fertig gestellten Gebäude oder bei der Vernissage der eigenen Ausstellung, muss auch der Pressebesuch geplant werden. In den wenigsten Fällen macht ein reiner Pressetermin Sinn, besser ist es, zu einer Veranstaltung die Presse hinzuzuladen. Denn Ereignisse brauchen Publikum. Auf jeden Fall sollte im Vorfeld nicht zuviel von den Inhalten preisgegeben werden, damit die Neugier geweckt wird. Der Erfolg hängt auch von der sorgfältigen Abstimmung des Termins mit anderen Veranstaltungen ab. Am Abend des WM-Endspiels könnte man allein mit seinen Modellen dastehen.

Gibt es doch einen Anlass, der einen gesonderten Pressetermin rechtfertigt, sollte dieser möglichst vormittags stattfinden.
Ideal ist ein Zeitpunkt zwischen 10.00 Uhr und 12.00 Uhr, dann haben Journalisten noch genug Zeit bis zum Redaktionsschluss am Nachmittag. Der Donnerstag hat sich als besonders beliebter Wochentag etabliert, weil dann die Chance groß ist, dass ein Beitrag in der Wochenendausgabe einer Tageszeitung erscheint. Das bedeutet natürlich auch starke Konkurrenz.

Folgende Redaktionstermine sind bei der Pressearbeit zu berücksichtigen:

Art des Mediums	Erscheinungsweise	Redaktionsschluss
Architekturfachpresse (bis auf *Bauwelt*: erscheint wöchentlich)	4 – 12x im Jahr	4 – 6 Wochen Vorlauf
Häuser- und Lifestylemagazine	14tägig — 12x im Jahr	2 – 3 Monate Vorlauf
Immobilien- und Baufachpresse	6 – 12x im Jahr	3 – 4 Wochen Vorlauf
Frauenmagazine	12x im Jahr	3 Monate Vorlauf
Nachrichtenmagazine	wöchentlich	ca. 1 Woche Vorlauf Für Ereignisse von größerer Bedeutung kann der erste Kontakt bereits 2 – 3 Monate vorher erfolgen.
regionale und überregionale Tageszeitungen	täglich	ca. 14 Tage Vorlauf Um ein Ereignis von regionaler Bedeutung anzukündigen, für größere Ereignisse und solche mit überregionaler Bedeutung kann man bereits 2 – 3 Monate vorher an die Tagespresse herantreten.
Wochenzeitungen	wöchentlich	ca. 1 Woche Vorlauf Für Ereignisse von größerer Bedeutung kann der erste Kontakt bereits 2 – 3 Monate vorher erfolgen.
Wirtschaftspresse	täglich/wöchentlich	4 – 6 Wochen Vorlauf
Online	ständige up-dates	2 Tage – 2 Wochen Vorlauf
freie Journalisten		Hier empfiehlt es sich, frühzeitig Kontakt aufzunehmen, da freie Journalisten ein Thema in der Regel zunächst einer oder mehreren Publikationen anbieten müssen.

Der Zeitplan für die Pressearbeit zu einer Ausstellungseröffnung kann z.B. so aussehen:

Aufgabe	Kalenderwoche
Versendung der Presseinformation per Fax und E-Mail an den Verteiler	10 Wochen vorher
Nachhaken bei den wichtigsten Ansprechpartnern und ggf. nochmalige Versendung der Informationen	3 – 4 Wochen vorher
Versendung weiterer, zeitnaher Presseinformation vor Ausstellungsbeginn an Medien mit kurzer Vorlaufzeit (Tagespresse, Radio)	2 Wochen vorher
Nachhaken bei den wichtigsten Ansprechpartnern mit Hinweis auf das Ereignis	1 Woche vorher
Pressebetreuung vor Ort zum Ereignis	zeitgleich
telefonisches Nachfassen bei den zum Ereignis anwesenden Pressevertretern und gezielte Ansprache ausgewählter Journalisten	2 Tage nachher

Pressearbeit besteht grundsätzlich aus zwei Komponenten: den aufbereiteten Materialien und der persönlichen und telefonischen Kontaktarbeit. Werden diese gut kombiniert und zum richtigen Zeitpunkt eingesetzt, hat man alles getan, um eine Veröffentlichung auf den Weg zu bringen.

Die Pressetexte sollten im Idealfall nicht von einem Projektmitarbeiter geschrieben werden, weil dieser zu stark in alle Abläufe involviert ist, um die für die Presse relevanten Extrakte herauszuziehen. Es kann auch passieren, dass sich durch die Doppelbelastung Projekt/Kommunikation die Fertigstellung und damit auch Aussendung verzögert.

Pressemitteilung

Die Pressemitteilung macht knapp und klar deutlich, worum es geht. Sie achtet darauf, das Besondere hervorzuheben. Auch ein flüchtiger Leser kann die wesentlichen Inhalte schnell erfassen. Die Texte sind kurz gehalten, verfolgen einen journalistischen Schreibstil und sind verständlich und lebendig formuliert. Es werden keine Spiegelstriche verwendet. Das Wichtigste steht am Anfang.

Folgende Regeln sollte man beachten:

- kein Nominalstil, d.h. »bürokratisches« Schreiben in Substantiven
- Wortwiederholungen vermeiden
- korrekte Rechtschreibung und Zeichensetzung
- kein »wir« oder »ich«, sondern neutrale Form
- keine Fettungen, Kursiv-Setzungen oder ähnliche optische Hervorhebungen
- keine Abkürzungen, es sei denn, ein Begriff kommt mehrfach vor
- bei Unternehmensnamen die Geschäftsformen »AG« oder »GmbH« weglassen
- Büronamen nicht in Großbuchstaben zur Hervorhebung
- Namen stets mit Vor- und Nachnamen ausschreiben
- kein »Herr« oder »Frau«
- statt »Prof.«: »Professor«
- Zahlen von eins bis zwölf ausschreiben
- keine Abkürzungen wie etc., usw., u.a.
- wenige Adjektive
- keine Phrasen wie »innovative Neuerungen« oder »einmalig«
- keine Superlative oder Eigenlob
- Kommentare und wertende Adjektive vermeiden
- keine subjektiven Bemerkungen

Geht es um ein größeres Thema, das weiterer Erläuterungen bedarf, folgt der Pressemitteilung eine zweite, gegebenenfalls auch eine dritte Seite. Grundsätzlich sollte man allerdings erst einmal nicht zu viele Informationen anbieten, sondern sich auf die wesentlichen Punkte konzentrieren.

Beim Erstellen der Pressemitteilung sollten die klassischen PR-Regeln beachtet werden, die sechs »Ws« strukturieren die Abfolge:

- wer – das Architekturbüro
- was – ein Hochhaus fertig gestellt
- wann – letzte Woche
- wo – in der Stadt
- wie – in ökologischer Bauweise mit Unterschreitung der Baukosten
- warum – im Auftrag des Stadtrats

Dieser Aufbau ist durch die Gewohnheit der Nachrichtenagenturen und Redaktionen, Texte zu kürzen, um sie als Meldung zu bringen, entstanden. Ihnen wird durch die Struktur der Information angeboten, von hinten zu streichen, ohne dass dadurch entscheidende inhaltliche Verluste eintreten. Bei einem Architekturprojekt sind Kurzmeldungen selten. Aber die Pressemitteilung, die eine Ausstellungsankündigung oder die Einladung zu einem Vortrag beinhaltet, findet auf diese Weise leichter Zugang in die Randspalten und Kalender von Zeitungen und Magazinen.

Zum Abschluss des Textens sollte man sich fragen:

- Sind die Informationen richtig, vollständig, überzeugend und anschaulich gestaltet?
- Ist der Textaufbau logisch?
- Sind die Übergänge klar?
- Ist der Text optisch klar strukturiert?

Struktur der Pressemitteilung
Eine Pressemitteilung hat im Grunde dieselbe Struktur wie ein Brief. Ob eine Anrede eingefügt wird oder nicht, ist Geschmackssache. Kennt man den Journalisten, ist die Anrede nett, aber auch ohne wird er nicht beleidigt sein. Hinweise wie »Wir bitten Sie, folgende Pressemitteilung zu veröffentlichen ...« erübrigen sich.

Jede Mitteilung an die Presse sollte durch die Zeile »Pressemitteilung« oder »Presseinformation« als solche gekennzeichnet werden. So ist klar, dass dieser Text speziell zur Verwendung durch Journalisten erstellt wurde und keine Werbebotschaft beinhaltet. Darunter befindet sich als Betreff der wesentliche Inhalt des nachfolgenden Textes.

Einladungen zu Veranstaltungen beinhalten in der Überschrift den Titel der Veranstaltung, Anschrift sowie den genauen Veranstaltungstermin. In zwei Absätzen werden die wesentlichen Inhalte zum Anlass beschrieben. Im Abschluss verweist man darauf, dass auf der nächsten Seite weitere Informationen folgen.

Presseinformation
Zu Beginn der Presseinformation, also der Folgeseite der Pressemitteilung, werden weitere Ausführungen zum Projekt gemacht, besondere Materialien, ungewöhnliche Abläufe bei einer Sanierung oder eine spezielle Technik beschrieben. Bei einem interessanten Bauherrn, einer neuen Nutzung oder Ähnlichem kann auch ein Abschnitt über diese Themen folgen, um die Angaben zum Bau verständlicher und griffiger zu machen. Längere Presseinformationen sollten durch Zwischenüberschriften strukturiert werden.

Ein wichtiger Punkt ist die Selbstdarstellung in der Presseinformation. Den Sätzen über das Projekt sollte ein gesonderter Absatz über das eigene Büro folgen. Ein kurzes Profil wird durch Beispiele von weiteren realisierten Bauten oder Wettbewerbsgewinnen ergänzt. Gibt es diese noch nicht, sollte man trotzdem das Büro und seine Leistungen vorstellen.

Faxantwortbogen
Mit der Presseinformation wird ein Faxantwortbogen versendet. Dieser bietet den Redaktionen die Möglichkeit, weitere Informationen oder Bilder anzufordern, sich für eine Veranstaltung anzumelden oder einen Gesprächstermin zu vereinbaren. Der Bogen wird für jeden Anlass individuell gestaltet. Der Empfänger kann die genannten Optionen ankreuzen und darüber hinaus angeben, in welcher Form die gewünschten Informationen verschickt werden sollen.

Neben dem Titel der Veranstaltung/des Projekts, bei Veranstaltungen mit Ort und Uhrzeit, enthält der Bogen die Faxnummer, an die er zurückgesandt werden kann und bietet Platz für die Daten des Journalisten (Redaktion, Durchwahl, E-Mail etc.). Mit diesen Angaben kann die eigene Datenbank auch stets aktualisiert werden.

7

Bildmaterial

Journalisten sind meist auf die Bilder, die vom Büro zur Verfügung gestellt werden, angewiesen. Die wenigsten Redaktionen schicken noch einmal einen Fotografen los. Ihnen gutes Material anzubieten, liegt im eigenen Interesse. Eine Auswahl von bis zu fünf Bildern, die man auf Nachfrage übersendet, ist erst einmal ausreichend. Hierzu gehören idealerweise zwei Ansichten, Innenansicht und je nach Projekt ein bis zwei Details.

Die wenigsten Redaktionen zahlen leider ein Honorar für den Fotoabdruck. Fragen sollte man jedoch, gerade bei Magazinen. Die Frage der Nutzungsrechte sollte vorab mit dem Fotografen geklärt werden. Die Nennung seines Namens ist selbstverständlich. Wird der Name mit dem Bild übermittelt, so ist er im Regelfall dann auch im Abdruck wiederzufinden.

Um Bilddateien abdruckfertig an die Medien weitergeben zu können, sind diese mit einer Auflösung von 300 dpi als jpg zu speichern, in einer Größe von ca. 10 x 15 cm. Der Dateiname sollte deutlich auf den Inhalt hinweisen: buero_projekt_1.jpg. Es ist inzwischen üblich, Bilder digital zu übermitteln. Viele Redaktionen bitten zur ersten Information um Übersendung per E-Mail. Für diesen Versand sollten sie nicht mehr als 300 bis 400 KB pro Bild ausweisen. Ein Bild von 1,5 MB, per Mail übermittelt, löst wenig Freude beim Empfänger aus. Werden die Bilder für den Druck per E-Mail angefordert, können sie selbstverständlich größer sein. Werden auf Wunsch Fotos per Post versandt, sollte auf der Rückseite ein Etikett die wichtigsten Informationen über den Inhalt des Fotos vermitteln: Motiv, abgebildete Person mit vollständigem Namen, seine Funktion und Quelle. Der Hinweis »honorarfrei« teilt mit, dass der Abdruck des Bildes kostenfrei erfolgt.

»Der Materialversand per E-Mail ist glücklicherweise heute kein Problem mehr; dennoch bekommen wir oft die abenteuerlichsten Datenformate, z.B. ein Bild als Word-Dokument statt als jpg. Auch werden oft viel zu hohe Auflösungen versandt, die manchmal mehrere Megabytes belegen. In der Veröffentlichung im Internet komprimieren wir dasselbe Bild dann auf ca. 60 KB. Hier würden wir uns wünschen, dass die Architekturbüros ein minimales Grundverständnis für digitale Bildverarbeitung mitbrächten.«
Benedikt Hotze
Redaktionsleiter BauNetz

Resonanzanalyse

Ein vollständiger, chronologisch geordneter Pressespiegel ist wichtig für den Überblick. Er gibt kompakt Aufschluss über Umfang und Qualität der öffentlichen Wahrnehmung und kann außerdem in kopierter Form als »Aushängeschild« bei potenziellen Bauherren dienen. Zugleich kann er helfen, die eigene PR-Arbeit zu überprüfen: Welchen Verteiler hat man angeschrieben, und in welchen Medien erfolgten die Publikationen? Welche Journalisten haben berichtet und mit welchem Schwerpunkt? All dies kann beim nächsten Projekt berücksichtigt werden.

Um die Resonanz auf die ausgesandten Presseinformationen zu überprüfen, können die Zeitungen der nächsten Tage kontrolliert werden. Im Allgemeinen weiß man, wer sich interessiert zeigte. Auch bei Magazinen ist dies kein großes Problem, hier kann auch ein Belegexemplar angefordert werden.

Hat man ein wirklich großes Ereignis der Presse kommuniziert, z.B. einen Kongress, kann ein professioneller Ausschnittdienst beauftragt werden, der veröffentlichte Beiträge aufspürt, sammelt und an den Auftraggeber weitergibt. Im Internet bieten manche Seiten speziell für diesen Zweck eine solche Überprüfung an. Allerdings stellen nicht alle Zeitungen ihre Inhalte komplett ins Netz, so dass kurze Meldungen so nicht erfasst werden.

1	Zunächst erfolgt die Terminkoordinierung mit den Teilnehmern. Im Kulturbereich sollte ein Termin nicht auf einen Montag gelegt werden. Es ist durchaus üblich, im Vorfeld bei Journalisten anzufragen, welcher Termin günstig ist.
2	Dann wird der Raum festgelegt. Das Pressegespräch findet meist an dem Ort statt, an dem auch das Ereignis stattfindet.
3	Es wird eine Auswahl von Journalisten, die eingeladen werden, getroffen. Vertreter unterschiedlicher Ressorts, z.B. aus der Kultur- sowie der Lokalredaktion, erhalten Einladungen.
4	Die Ankündigung erfolgt mindestens drei Wochen vor der Veranstaltung. Eine Woche vor dem Termin sollte man anrufen, um zu prüfen, ob die Einladung auch wirklich ihr Ziel erreicht hat. Wenn nicht, wird sie noch einmal versandt.
5	Inhaltliche Vorbereitungen (wer spricht, evtl. Experten hinzubitten) werden getroffen, die Pressemappe wird vorbereitet.
6	Technik ist zu organisieren: Kameraecke, Steckdosen, Namensschilder, Medien (z.B. Projektor)
7	Am Tag vor dem Pressetermin: noch einmal alles detailliert durchsprechen.
8	Am Tag des Ereignisses steht ein Vertreter der Öffentlichkeitsarbeit zur Begrüßung am Eingang des Pressekonferenzraums und bittet die Gäste, sich in die Anwesenheitsliste einzutragen.
9	Zur Eröffnung erfolgt die Begrüßung durch den Vertreter der Öffentlichkeitsarbeit. Die Personen auf dem Podium werden dabei kurz vorgestellt, anschließend der Ablauf moderiert.
10	Jeder Vortrag dauert höchstens 10 Minuten, danach können Fragen gestellt werden. Die Gesamtdauer beträgt maximal 45 Minuten.
11	Ein möglicher Medieneinsatz sollte nicht länger als 10 Minuten dauern, es sei denn, es gibt einen gesonderten Filmraum.
12	Bei Ausstellungseröffnungen werden Vorab-Führungen angeboten.
13	Sollte ein Journalist, der sich angekündigt hatte, nicht erscheinen, so werden ihm im Anschluss die herausgegebenen Informationen zugeschickt.
14	Es folgt die Auswertung der Presseresonanz.
15	Journalisten, die anwesend und bisher nicht namentlich erfasst waren, werden in den Verteiler eingetragen.

Architekt + Partner Architekten
Schillerstraße 111 . 11111 Berlin

Berliner Morgenspiegel
Redaktion Lokales
Frau Elke Müller
Niederstraße 66

10969 Berlin

24.10.04

Architekt + Partner
Architekten
Schillerstraße 111
11111 Berlin
Fon 030 / 11 11 11 11
Fax 030 / 22 22 22 22
info@architektpartner.de
www.architektpartner.de

Öffentlichkeitsarbeit:

PR und Partner
Knobelstraße 11
10717 Berlin
Fon 030 / 11 22 11 22
Fax 030 / 11 22 11 21
kontakt@prpartner.de

Presseeinladung
Fertigstellung des Besucherzentrums der Graf Design AG in Passau
Führung durch den Neubau
am 24. November 2004 um 11.00 Uhr
Karlsplatz 1, 94032 Passau

Sehr geehrte Frau Müller,

nach nur einjähriger Bauzeit ist der Neubau des Möbelherstellers Graf Design in Passau fertig gestellt. Das neue Firmengebäude beherbergt den Showroom der Möbelmanufaktur sowie zwei Penthouse-Wohnungen für Gäste des Unternehmens und ein Feinschmecker-Restaurant.

Das Berliner Büro Architekt + Partner gewann im Frühjahr 2003 den offenen Wettbewerb und übernahm die Generalplanung des ungewöhnlichen Neubaus. Die besondere gestalterische Herausforderung lag darin, das repräsentative Gebäude harmonisch an das benachbarte Wohngebiet anzuschließen. Vom Entwurf bis zur Realisierung arbeitete das Büro eng mit der Zentrale des Unternehmens in München zusammen. Das Hochwasser im August 2003 erschwerte zwar die Bauarbeiten, die geplante Bauzeit konnte jedoch trotzdem eingehalten werden.

Wir würden uns freuen, Sie zur Führung durch den Neubau mit dem projektleitenden Architekten begrüßen zu dürfen. Beigefügt senden wir Ihnen weitere Informationen zum Projekt. Der Faxantwortbogen soll Ihnen die Kontaktaufnahme mit uns erleichtern.

Mit besten Grüßen

Helen Blume
Projekt-Pressearbeit

7

Architekt + Partner Architekten

Schillerstraße 111 . 11111 Berlin

Presseinformation

Fertigstellung des Besucherzentrums der Graf Design AG in Passau

Der Bauherr Graf Design AG legte großen Wert auf eine der hohen Gestaltungsqualität des von ihm produzierten Möbelprogramms entsprechende sowie die Unternehmensphilosophie nach außen tragende Architektur. Auf 2.800 Quadratmetern vermittelt das neue Besucherzentrum Offenheit und Eleganz. Das Büro Architekt + Partner entschied sich – inspiriert durch die Designobjekte des Auftraggebers – für einen kubischen Baukörper mit 38 x 25 Metern und einer Höhe von knapp 14 Metern. Mit seiner gläsernen Fassade, die eines der wichtigsten Materialien der Möbel von Graf Design aufnimmt, öffnet sich das Gebäude zum Karlsplatz und gibt dem Erscheinungsbild Leichtigkeit und Transparenz. Durch die geschickte Gliederung der Fassade sowie feine Differenzierung einzelner Gebäudeelemente wirkt das vergleichsweise große Gebäudevolumen dennoch harmonisch.

Das Gebäude hat drei Geschosse. Ebenerdig sind Foyer, Restaurant und ein kleinerer Ausstellungsraum untergebracht. Das erste Geschoss, das über eine Freitreppe mit dem Erdgeschoss verbunden ist, ist das eigentliche Herz des Gebäudes. Hier werden wechselnde Ausstellungen zu Geschichte und Gegenwart der Produkte von Graf Design gezeigt. Die Ausstellungsräume sind dabei so flexibel gestaltet, dass auch kurzfristige Sonderpräsentationen problemlos realisiert werden können. Im zweiten Geschoss befinden sich, um einen Innenhof gruppiert, Seminar- und Vortragsräume für das umfangreiche Schulungs- und Kommunikationsprogramm des Unternehmens sowie die Büros der Mitarbeiter. Die beiden Gästewohnungen sind in die Dachlandschaft eingebettet.

Ein speziell für das Besucherzentrum in Partnerschaft mit dem Unternehmen Lichtwerke entwickeltes Beleuchtungssystem sorgt im gesamten Gebäude für die perfekte Ausleuchtung von Objekten und Arbeitsplätzen.

ARCHITEKT + PARTNER

Architekt und Partner beschäftigen derzeit rund dreißig Mitarbeiter, im wesentlichen Architekten, dazu einige Bauingenieure, und bearbeiten alle Leistungsphasen der HOAI. Die Übernahme von Generalplaneraufträgen wie beim Besucherzentrum in Passau bietet dem Bauherrn eine umfassende und kompetente Komplettbetreuung durch einen Vertragspartner.

Realisiert werden anspruchsvolle und individuelle Projekte vor allem im Büro-, Gewerbe- und Industriebau, jedoch auch im Bereich der Rekonstruktion und Sanierung von Baudenkmälern. Allen Projekten zu Grunde liegt ein ganzheitlicher Planungsansatz, der architektonische, technische, funktionale, aber auch ökologische Aspekte miteinander verbindet. Beispiele sind der Bau der Europazentrale für den Lanark-Konzern in Berlin, die Rekonstruktion des Bürgerhauses in Nürnberg oder das Produktionswerk für Fugis in Gießen. Für das Bürohaus der Agentur sally below cultural affairs in Berlin erhielten Architekt + Partner 2003 den Fassadenpreis der GVF.

Weitere Informationen: Heike Blume/Pressearbeit 0 30 / 11 22 11 22

Fertigstellung des Besucherzentrums der Graf Design AG in Passau
Führung durch den Neubau

Faxantwort
an PR und Partner/Faxnummer: (030) 11 22 11 21

- ☐ Ich nehme gern an der Führung am 24. November um 11.00 Uhr teil.
- ☐ Ich hätte gern weitere Informationen zum Projekt.
  Bitte rufen Sie mich an.
- ☐ Ich hätte gern Bilder von dem Besucherzentrum.
  Bitte schicken Sie mir eine E-Mail.
- ☐ Ich möchte mich gern mit den Projektverantwortlichen unterhalten.
  Bitte rufen Sie mich an.

Absender:

Medium: ______________________________

Redaktion: ______________________________

Name: ______________________________

Straße: ______________________________

PLZ/Stadt: ______________________________

Fon: ______________________________

Fax: ______________________________

E-Mail: ______________________________

Anhang

www.BauNetz.de
Das BauNetz ist die Plattform mit der höchsten Besucherfrequenz. Hier macht es also Sinn, verzeichnet zu sein.

www.Arches-journal.de
Die gut strukturierte Seite bietet Titelthemen jeweils mit Bild und stellt umfangreiche Informationen und Aktuelles aus der Bauszene vor. Die Handhabung ist leicht und schnell. Man kann sich für einen Newsletter anmelden und einen Branchenbucheintrag bzw. Linkeintrag einfach angeben.

www.archinform.de
Die übersichtliche Seite bietet Personen-, Orte-, Schlagwort- und Textsuche an, und ist in der Bedienung sehr benutzerfreundlich. Bereits veröffentlichte Projekte können aufgenommen werden, die Benutzeranmeldung ist einfach.

www.architekten-im-netz.de
Bei architekten-im-netz.de findet man auf einer übersichtlichen Seite Nachrichten zu diversen Bauthemen. Die Handhabung ist einfach, gewünschte Eintragungen können per E-Mail zugesandt werden, außerdem existiert eine umfangreiche Linkliste.

www.architekten24.de
Die vielgestaltige Seite ist gut strukturiert und bietet Informationen zu Projekten, News, Planern, Firmen, Produkten und Links. Man kann sich leicht durchklicken und den Kontakt über Newsletter herstellen.

www.competitionline.de
Die sachliche und übersichtliche Plattform für Wettbewerbe bietet viele Informationen, u.a. zu Ausschreibungen, Events, Büros und Ergebnissen, die per Klick schnell und einfach zu erreichen sind. Man kann sich kostenlos registrieren lassen.

www.Germanarchitects.com
Diese gut gemachte Plattform ist gedacht zur Vorstellung deutscher Architekten im Ausland. Merkwürdig ist daran allerdings, dass sie nur in deutscher Sprache verfasst ist.

Kommunikation und Rhetorik
Birkenbihl, Vera F., Rhetorik – Redetraining für jeden Anlass, München 2004.

Brehler, Reiner, Modernes Redetraining. Sicher auftreten – überzeugend vortragen, Niedernhausen/Taunus 1995.

Fey, Heinrich/Gudrun Fey, Redetraining als Persönlichkeitsbildung. Praktische Rhetorik zum Selbststudium und für die Arbeit in Gruppen, 5. Auflage, Regensburg 2002.

Grunig, James E./Todd Hunt, Managing Public Relations, Fort Worth 1984.

Keller, Gustav, Professionelle Kommunikation. Praxishilfen für den Berufsalltag, Heidelberg 2004.

Knape, Joachim, Was ist Rhetorik? Stuttgart 2000.

Lackner, Tatjana/schule@sprechen.com, Die Schule des Sprechens. Rhetorik und Kommunikationstraining
(zu beziehen über www.sprechen.com).

Schneider, Wolf, Deutsch für Kenner. Die neue Stilkunde, München 1996.

Schneider, Wolf, Deutsch für Profis. Wege zu gutem Stil, München 1999.

Schulz von Thun, Friedemann, Miteinander Reden. Störungen und Klärungen, Reinbek bei Hamburg 1996.

Ueding, Gert/Bernd Steinbrink, Grundriß der Rhetorik. Geschichte – Technik – Methode, 3. überarbeitete und erweiterte Auflage, Stuttgart 1986.

www.sprechen.com
Die Sprechtrainerin Tatjana Lackner stellt auf ihrer Homepage das Leistungspotenzial ihrer »Schule des Sprechens« in Wien vor. Man erhält einen Überblick über die Möglichkeiten rhetorischer Schulung von Atem- und Sprechtechnik über Stimmmodulation bis hin zu gezieltem Persönlichkeitstraining mit Kameracoaching. Zudem kann auf dieser Seite das Kommunikations- und Rhetoriktrainingsbuch von Tatjana Lackner sowie eine CD zur richtigen Atemtechnik von Christoph Habegger bestellt werden.

Watzlawick, Paul/Janet H. Beavin/ Don D. Jackson, Menschliche Kommunikation, 10. Auflage, Bern 2000.

Moderation
Edmüller, Andreas, Moderation, Freiberg/Berlin/München 2002.

Malorny, Christian/Marc A. Langner, Moderationstechniken, München 2002.

Seifert, Josef W., Visualisieren, Präsentieren, Moderieren, Offenbach 2003.

Tosch, Michael, Besprechungen moderieren, Bonn 2002.

Tosch, Michael, Neuland-Moderation, Bonn 2003.

Brainstorming
Clark, Charles, Brainstorming. Methoden der Zusammenarbeit und Ideenfindung, München 1973.

Slater, Thomas/Timothy Cory, Brainstorming: Techniques for New Ideas, o.O. 2003 (Lightning Source UK Ltd.).

Trautmann, Wolfgang P., Brainstorming, Möglichkeit zur Gewinnung neuer Ideen im Unternehmen, o.O. 1966 (Gesellschaft für Betriebsberatung und Absatzförderung mbH, Forschungsgruppe Wirtschaft und Technik).

Mind-Mapping

Buzan, Tony/Barry Buzan, Das Mind-Map-Buch, München 2002.

Friedrich, Uta/Norbert Schuster, 30 Minuten vom Mind Mapping zum Business Mapping, Offenbach 2004.

Hertlein, Margit, Mind Mapping, die kreative Arbeitstechnik, Berlin 2001.

Nückles, Matthias, Mind Maps & Concept Maps, München 2004.

www.mindmap.de
»Die Deutsche Mind Mapping Seite« gibt Auskunft über die Herkunft und Methode der Kreativitätstechnik Mind Mapping. Außerdem verweist die Seite auf Coachings, Seminare und andere Veranstaltungen.

Clustering

Nölke, Matthias, Kreativitätstechniken, Freiberg/Berlin/München3 2002.

Walter, Hans Jürgen, DenkZeichnen, Bayreuth 1997.

www.teachsam.de
Die Seite bietet Informationen zum Thema Clustering und anderen Kreativitätstechniken. Zum Download bereit stehen auch Clustering-Übungen, die Interessierten die Möglichkeit bieten, sich von der Effektivität dieser Methode zu überzeugen.

Atemtechnik

Détschy, Serafine, Die Erziehung von Stimme und Sprache durch Atemtechnik, Hamburg 1921.

Habegger, Christoph, Atemtraining. Die Kraft der natürlichen Atmung, Hg. von Tatjana Lackner/ schule@sprechen.com.
(CD zu bestellen unter www.sprechen.com)

Pilss-Samek, Hannelore, Atmen Sie richtig? Atemtechnik und Atemgymnastik, München o.J.

Messen

www.gima.de.
Die GiMA International Exhibition Group ist spezialisiert auf die Wachstumsmärkte Russland, Ukraine, Zentralasien und die Türkei. Hier findet man u.a. auch die oben zitierte Umfrage bei den Auslandsvertretungen und Listen zur Vorbereitung eines Messeauftritts.

www.auma.de
Die Seite der Spitzenorganisation der deutschen Messewirtschaft gibt zahlreiche Tipps zu allen Bereichen, die für einen Messeauftritt wichtig sind, bis hin zu detaillierten Checklisten.

www.expodatabase.de
Das Portal der m+a Messedatenbank ist ebenfalls sehr umfangreich und bietet einen Überblick über ca. 13 000 Messen und Ausstellungen.

www.fkm.de
Die Society for Voluntary Control of Fair and Exhibition Statistics bietet einen Überblick über Messen in einer Vielzahl von Ländern, allerdings ebenso wie die anderen aus allen Sparten.

Auslandsengagement
Welter, Dr. Thomas (Hg.), Architekturexport Leitfaden für Architekten und Ingenieure, Berlin 2004.

www.bundesarchitektenkammer.de
Auf der Seite der Bundesarchitektenkammer findet man alle Informationen zum »Netzwerk Architekturexport« NAX.

www.kas.akbw.de
Eine gute Seite zur Information über die verschiedensten Auslandsaktivitäten ist diese Präsenz der Architektenkammer Baden-Württemberg.

Weitere nützliche Links
www.ausschnitt.de
Ausschnitt Medienbeobachtung GmbH
Der traditionsreiche Berliner Clipping-Dienst hat sowohl klassisches Clipping als auch Anzeigenbeobachtung, PressSummaries, Übersetzungen sowie Recherche von Mediadaten im Angebot.

www.immobilienmanager.de
Who is who in der Immobilienwirtschaft
Dieses Nachschlagewerk des Immobilien Informationsverlags Rudolf beinhaltet eine große Datenbank, in der etwa 5.000 Unternehmen mit den entsprechenden Kontaktpersonen verzeichnet sind.

www.kroll-verlag.de
KROLL-Verlag
Seit 1955 gibt der KROLL-Verlag Presse-Taschenbücher heraus, in denen die Kontaktdaten von Fachjournalisten, Redakteuren von Tageszeitungen, Funk und Fernsehen sowie von Pressestellen von Firmen, Verbänden und Behörden gesammelt sind. Die derzeit 18 Fachausgaben werden im regelmäßigen Turnus auf den aktuellen Stand gebracht. Jede Branchen-Fachausgabe bietet auf 450 - 800 Seiten rund 8 000 - 16 000 exakte Personenkontakte. Ein weiterer Service des KROLL-Verlags ist die pressguide.de/Recherche.

www.paperball.de
Auf dieser Seite kann man aktuelle Medienpublikationen auf ein Stichwort durchsuchen lassen. Die Informationen sind stets auf dem neuesten Stand, da die Seite mehrmals in der Stunde aktualisiert wird.

www.ploetz.immobilienmanager.de
Plötz Immobilienführer
Die Plötz Immobilenführer erscheinen in regelmäßigen Abständen für verschiedene deutsche Städte und Ballungsräume. Sie bieten Stadtprofile, Standortanalysen und Informationen zu Immobilienmarkt und Wohnqualität.

www.profikiosk.de
Dieser große »Online-Kiosk« eignet sich für die Recherche von Fachzeitschriftentiteln. Über Links gelangt der Besucher auf die jeweilige Homepage des gewünschten Mediums.

www.stamm.de
Stamm Verlag GmbH
Der Essener Fachverlag für Kommunikation ist

auf Medien-Nachschlagewerke spezialisiert und hat Handbücher, CD-ROMS, sowie Redaktionsadressen und Datenbanken im Programm.

www.zimpel.de
Verlag Dieter Zimpel
Die umfangreiche PR-Mediendatenbank verfügt über rund 70 000 Kontaktdaten, die man entweder online abrufen oder als CD-ROM oder Loseblattsammlung bestellen kann.

Junius Verlag GmbH
Stresemannstraße 375
22761 Hamburg
www.junius-verlag.de

© 2004 by Junius Verlag GmbH
Alle Rechte vorbehalten

Gestaltung: QART Büro für Gestaltung, Hamburg
www.qart.de
Satz: Junius Verlag GmbH

Druck und Bindung:
Druckhaus Dresden GmbH, Dresden
Printed in Germany
ISBN 3-88506-548-7
1. Auflage Oktober 2004

Bibliografische Information Der Deutschen Bibliothek:
Die Deutsche Bibliothek verzeichnet diese Publikation in der Deutschen Nationalbibliografie; Detaillierte bibliografische Daten sind im Internet über http://dnb.ddb.de abrufbar.